Cafe

Cafe

2019년 3월 25일 1판 1쇄 발행
2020년 9월 25일 2판 1쇄 발행

—

지은이 장인화
펴낸이 이상훈
펴낸곳 책밥
주소 03986 서울시 마포구 동교로23길 116 3층
전화 번호 02-582-6707
팩스 번호 02-335-6702
홈페이지 www.bookisbab.co.kr
등록 2007.1.31. 제313-2007-126호

—

기획·진행 박미정
교정교열 정원경, 권장미
디자인 디자인허브

—

ISBN 979-11-90641-21-0 (13980)
정가 15,800원

책밥은 (주)오렌지페이퍼의 출판 브랜드입니다.

이 도서의 국립중앙도서관 출판예정도서목록(CIP)은 서지정보유통지원시스템 홈페이지
(http://seoji.nl.go.kr)와 국가자료공동목록시스템(http://www.nl.go.kr/kolisnet)에서
이용하실 수 있습니다. (CIP제어번호 : CIP2020038340)

Cafe는 CAFE TOUR의 개정판입니다. 이 책에 실린 카페 정보는 2020년 8월~9월 기준입니다. 이후
운영시간, 휴무일, 인테리어 등은 변경될 수 있으므로 방문 전 카페 계정을 꼭 확인해 주세요.

장인화 지음

Cafe

#카페

곁에 두고 싶은
감성 공간

내가 사랑한
그곳

책밥

Prologue

사람들에겐 저마다의 힐링 포인트가 있다. 빡빡하게 돌아가는 일상 속에서 작은 행복을 누릴 수 있는 시간이 샌드위치 속 재료처럼 사이사이 끼어 있기에 사람들은 오늘을 그리고 내일을 보낼 힘을 얻는다. 먼 나라로 여행을 떠나 색다른 경험을 하는 것도 좋지만 여건상 늘 그렇게 할 수 없기에 우리는 가까운 '카페로 여행을' 간다. 관광을 갔을 때 그곳의 명소를 둘러보는 것처럼 다양한 카페를 경험하는 것. 이렇듯 카페에서 소소한 행복을 누리는 사람들이 많아지면서 오늘날 카페 투어는 하나의 놀이이자 문화로 자리 잡았다.

이 책에서 소개하는 카페 리스트는 개인적인 취향이 반영되었다. 감각적이고 세련된 인테리어나 개성이 뚜렷한 스타일의 카페에서 시간 보내는 것을 좋아해 '공간'이 마음에 드는 곳 위주로 담았고, 디저트가 맛있거나 커피가 훌륭한 곳도 함께 실었다. '전문가가 추천하는 꼭 가봐야 할 카페 리스트'라기보다는 카페를 광적으로 좋아하는 친구와 함께 카페 투어를 간다고 생각하고 이 책과

동행했으면 좋겠다. 감성을 충전할 카페를 찾고 있는데 방향을 잡지 못해 망설일 때, 좀 더 멀리 떠나 기분 전환이 필요할 때 이 책이 든든한 친구이자 작은 위로가 되었으면 한다.

* * *

카페에 빠져 퇴근 후에도 홀린 듯이 새로운 카페를 찾아다니며 인스타그램에 하나둘 공유하다 어느덧 〈Cafe Tour〉라는 책을 냈고, 벌써 개정판까지 출간하게 됐다. 개정판 막바지 작업 중인 2020년 9월 지금은 코로나로 인한 사회적 거리두기로 모두가 가급적 외출을 하지 않고 있다. 원래 3월쯤 출간 예정이었던 개정판은 점점 심각해지는 코로나 사태로 계속 미뤄지다가 더이상 연기할 수 없어 이제야 나오게 됐다. 이런 이유로, 전국 카페를 소개하는 책이지만 상대적으로 모든 지역을 고르게 업데이트할 수 없었음에 죄송한 마음이다. 기존에 소개한 카페 목록 중 안타깝게도 문을 닫은 곳들은 정리하고, 새로 방문한 곳들 중 인상깊은 곳을 서울과 경기 지역 위주로 업데이트했다.

카페 투어의 좋은 점은 매일 어디론가 여행을 떠날 수는 없으니 새로운 카페에서 맛있는 커피와 디저트를 즐기며 여행하는 기분을 만끽하는 것이었는데, 이젠 그마저 쉽지 않아졌다. 당연하게 누렸던 소소한 일상 속 행복이 더없이 간절해진 요즘, 어서 이 상황이 하루 빨리 나아지기를 바라본다. 마스크를 쓰지 않고 카페 투어를 다니며 일상을 환기시킬 수 있는 예전과 같은 소중한 나날을 다시 마음껏 누릴 수 있기를.

장인화 드림

Contents

Seoul 서울

Incheon 인천 *Suwon* 수원 *Gyeonggi* 경기

Sejong 세종 Cheonan 천안 Cheongju 청주 Daejeon 대전

Daegu 대구 Gyeongju 경주

Gangwon 강원 Geoje 거제 Tongyeong 통영

Jeonju 전주 *Wanju* 완주 *Gwangju* 광주

Busan 부산 *Gimhae* 김해 *Ulsan* 울산

Jeju 제주

Seoul

서울

커피향에
젖어들다

———

내가 사랑한
그곳, 카페

———

트렌디한 카페의 중심, 서울

국내 카페 흐름의 중심이라고 해도 과언이 아닌 서
울. 트렌디하고 감각적인 카페가 많은 연남동을 비
롯해 성북동, 송파동, 성수동 주변에 개성 있는 카
페들이 들어서 있다. 특히 연남동은 이름난 카페들
이 가까이에 모여 있어 투어하기 편리한 편. 한갓진
분위기를 원한다면 성북동을, 개성 있는 카페를 경
험하고 싶다면 성수동을 추천한다. 단, 서울의 인기
있는 카페는 특히 주말에 대부분 웨이팅을 해야 할
만큼 사람이 많다.

커피와 베이커리 맛 모두 감동인

헤리스헤이스
Harris Huis

대구의 인기 카페 헤리스헤이스가 서울 마곡동에 상륙했다. 반가운 마음에 오픈 초기에 방문했는데, 인기에는 역시 이유가 있는 법. 맛있는 커피와 디저트에 반해 방문한 지 얼마 안 돼 다시 발걸음했다. 남아공 출신 바리스타와 한국인 아내, 이 부부가 함께 꾸려가는 헤리스헤이스. 블랙 컬러의 모던함과 빈티지 가구의 클래식한 멋이 공존하는 인테리어에 외국인 사장님의 분위기까지 더해져 더 이국적인 기분을 자아낸다. 공간은 크지 않지만 따뜻하게 맞아주는 사장님 부부와 맛있는 커피, 디저트가 있어 서두르지 않으면 대기를 각오해야 한다. 이탈리아 스타일의 원두로 내린 커피를 비롯해 꼭 맛봐야 할 메뉴는 바로 베이커리. 바리스타가 어릴적 집에서 어머니가 해주었던 것들을 토대로 만든 홈베이킹 스타일 베이커리가 있다. 생바나나를 넣은 '맘스 바나나 머핀'과 간단한 아침 또는 브런치로 즐기기 좋은 '브렉퍼스트 머핀' 등이 그것이다. 브렉퍼스트 머핀은 햄, 치즈가 쏙쏙 박힌 스콘으로 스콘에 함께 내어준 치즈, 딸기잼과 버터를 발라 먹으면 잠시 천국에 다녀온 황홀한 기분이 든다. 아, 이 글을 쓰고 있자니 지금 당장 헤리스헤이스의 커피와 브렉퍼스트 머핀을 먹지 않고는 못 참겠다.

서울 강서구 마곡동로
3길 26 103호

010-8863-9532

09:00~19:00(월~금),
10:00~19:00(토요일),
(일요일 휴무)

카페 라테, 플랫 화이트,
맘스 바나나 머핀,
브렉퍼스트 머핀 등

www.instagram.com/
harrishuis/

없음

유럽 감성 가득한

드파운드 숍&카페
비마이디

Depound shop&cafe Be my d

　　패션·뷰티와 달리 리빙 분야에선 감각적인 국내 브랜
드가 없던 때, 드파운드의 등장은 가뭄 속 단비와 같았다. 간결하고도
멋스러운 로고와 디자인을 입은 제품들은 일상 곳곳에 감성을 녹여주
기 충분했고, 점차 종류도 늘어 패션까지 영역을 확대하며, 하나의 라
이프스타일 브랜드로 거듭났다. 작은 온라인몰에서 시작한 드파운드
가 이제 어느덧 한남동에 숍&카페 비마이디를 열었다. 들어서자마자
감탄을 거듭할 수밖에 없을 만큼 아름다움이 짙게 베인 공간. 어쩌면
유럽보다 더 유럽 같은 분위기를 자아낸다. 1층은 드파운드의 제품을
판매하는 매장이, 2층은 방문한 이들을 위한 스티커 포
토존과 작은 카페 그리고 테라스 공간이 마련돼 있다.
구조적인 계단과 오브제의 배치, 어여쁜 식물들과 예쁘
게 내려앉은 햇살로 포근한 풍경을 자아내는 테라스가
일품이다. 드파운드의 로고가 새겨진 쿠키와 함께 커피
나 차를 마시며 테라스에 앉아 있으면 파리 여행을 떠
나온 기분까지 느껴진다.

⊙ 서울 용산구 대사관로5길 14
☎ 02-6949-5868
⊙ 12:00~19:00
☐ BMD 커피, 크림 커피,
　쿠키, 스콘 등
👍 www.instagram.com/
　depound_bemyd/
Ⓟ 없음

세련된 감성 카페의 시작과 끝,

메종드아베크엘
Maison de Avecel

동숭동이란 정겨운 동네 이름에서 느껴지 듯 메종드아베크엘로 올라가는 길은 한적하고 여유롭다. 일본 여행을 갔을 때 숨어 있는 카페를 발견하는 데 재미 를 느낀 카페 주인은 이러한 매력을 살리기 위해 1호점에 이어 2호점 역시 골목 구석에 자리를 잡았다. 1호점이 워 낙 예쁘기로 유명해 화제를 모은 탓에 2호점에 대한 기대 도 한껏 드높았다. 결과적으로 오픈 첫날 마주한 메종드아 베크엘은 기대 이상이었다. 직접 구상한 인테리어와 발품 을 들여 공수한 소품, 주문 제작한 가구들. 그리고 미술을 전공한 주인의 손길을 거쳐 탄생한 감각적인 그림이 더해 져 따뜻하고도 아름다운 공간이 완성됐다. 단순히 예쁘다 는 말로는 표현이 안 되는 볼수록 '아름다운' 공간이라 하 기에 부족함이 없다. 여기에 비주얼만 이쁜 것이 아닌 맛 도 좋은 감각적인 디저트와 음료까지 더해져 메종드아베 크엘을 더욱 빛나게 한다.

🏠 서울시 용산구 두텁바위
로69길 29(1호점)
서울시 종로구 동숭4길
30-3, 1층(2호점)

📞 070-8210-0425(1호점)
070-7626-0425(2호점)

🕐 12:00~20:00
(일요일 휴무)

🍽 링고 라테, 딸기
티라미수, 링고 토스트,
베리베리 토스트 등

👍 www.instagram.com/
avec.el

Ⓟ 없음

평범하지 않은 이들이 꾸려가는

오디너리핏
Ordinary.pit

남다른 시선으로 공간 브랜딩을 도맡아 하는 파워 인스타그래머 하지(@_ha.zi), 전국 곳곳에서 빵과 디저트를 맛보며 방대한 데이터를 쌓아온 빵식가(@breads_eater), 별다른 설명이 필요 없는 카페 진정성과 루아르 커피바 등 각자의 영역에서 강점을 가진 이들이 모여 카페 '오디너리핏'을 꾸렸다. 'Ordinary People In There'을 줄여 만든 이름 대로 어쩌면 평범한 사람들이 모여 만든 공간 같지만 결코 평범하지만은 않은 이들의 비범한 곳이다. 이렇게 닻을 내린 곳은 연희동의 한 저택. 오래된 고급 주택을 살짝 매만졌다. 빛바랜 벽과 칠이 벗겨진 바닥, 옛날식 목조 인테리어 등 세월의 매력을 그대로 드러내 향수를 불러일으킨다. 테라스로 나가면 예스러운 공간과 대비되는 서울 도심의 풍경이 한눈에 펼쳐진다. 커피를 가장 맛있게 즐길 수 있는 브루잉 커피, 이곳만의 소스를 더한 잠봉 샌드위치, 흑임자 피칸 쿠키, 바질 토마토 쿠키 등은 카페투어러들의 취향을 단숨에 저격한다. 독특하고 세심한 메뉴들을 직접 맛보면 팀원들이 머리를 싸매고 고민을 거듭한 흔적이 절로 느껴진다. 국내 로스터리들과 협업해 두 달에 한 번씩 소개하는 새로운 원두도 기다리게 된다.

서울 서대문구 연희로11가길 48-23, 3층
없음
12:00~20:00(월요일 휴무)
오디너리 샌드위치, 흑임자 피칸 쿠키, 바질 토마토 쿠키 등
www.instagram.com/ordinary.pit/
없음(주변 공영 주차장 이용)

서울 시내 전망을 품은,

무신사 테라스
Musinsa Terrace

감각적인 카페가 많기로 둘째가라면 서러운 홍대입구역 부근에 넓은 공간, 탁 트인 전망, 커피 맛까지 좋은 이상적인 카페의 삼박자를 두루 갖춘 곳이 들어섰다. 많은 사람의 귀에 익은 편집매장 브랜드 무신사의 오프라인 매장과 카페 AWK가 함께 운영되고 있는 복합 공간 무신사 테라스다.

홍대입구역 5번 출구에서 바로 보이는 AK몰 17층에 위치한 곳으로 엘리베이터에서 내리면 펼쳐지는 무려 800평 규모의 광활한 공간과 큰 창 너머로 보이는 서울 시내 전망에 단번에 압도당한다. 테라스로 나가 시원한 공기를 마시며 서울 시내를 훑어보자 금세 답답한 마음이 뻥 뚫린다. 경치에 잠시 감탄하고는 AWK 카페로 가 음료를 주문한다. AWK에서는 기본적인 커피 메뉴 아메리카노, 라테를 비롯해 필터 커피를 맛볼 수 있으며, 전통적인 맷돌 분쇄 방식으로 만든 시그너처 메뉴 '말차 슈페너'도 즐길 수 있다. 진하고 깔끔한 말차와 부드러운 크림이 어우러져 목 넘김이 좋은 것이 특징이다.

미니멀한 디자인과 유려한 곡선이 매력적인 화이트 톤의 좌석 외에 몇 시간이고 편히 머물 수 있는 넓은 공간의 자리도 있어 여유 있게 쉬면서 그림 같은 노을 풍경을 감상하면 좋을 듯하다.

📍 서울시 마포구
   양화로 188, 17층
📞 070-4006-4573
🕐 11:00~19:00(명절 당일 휴무)
☕ 말차 슈페너, 딥 초콜릿,
   아메리카노, 라테 등
👍 www.instagram.com/
   musinsaterrace/
Ⓟ 있음

일본 드라마 속 장면 같은,

망원동 카페인
Cafe Inn

가을에서 겨울로 넘어가는 계절, 뜨끈뜨끈한 감자 수프를 시킨 우리에게 카페 주인은 "시간이 조금 걸려도 괜찮겠느냐"는 말을 건넸고, 집에서 엄마가 음식을 만드는 것처럼 정성스레 요리를 했다. 채소를 써는 기분 좋은 도마 소리가 리드미컬하게 울리고, 먹음직스러운 냄새가 코끝을 간질이며 30분이 흘렀을 즈음, 감자 수프가 앞에 놓였다. 한 숟갈 입에 넣는 순간 담백하고 고소한 풍미가 퍼졌고, 적당히 점성 있는 수프의 무게감도 느껴졌다. 함께 주문한 타마고산도도 실망시키지 않았다. 와사비로 강한 맛을 강조한 다른 타마고산도와 달리 카페인은 겨자 소스로 좀 더 달달한 맛을 냈고, 맛이 그리 강하지 않아 부드럽고 편안하게 즐길 수 있었다. 달걀 두께도 적당히 두툼해 한 입에 먹기에도 좋았고. 따끈한 수프 한 숟갈에 타마고산도를 더하니 세상 부러울 게 없는 겨울 초입의 어느 날이었다. 앙버터나 타마고산도는 계절에 상관없이 즐길 수 있고, 여름에는 계절 메뉴인 여름숲화채와 수박 주스를 선보이니 기대해도 좋을 듯하다.

서울시 마포구
희우정로10길 4, 2층

010-8758-8711

수~토요일 13:00~20:00,
일요일&공휴일 13:00~
19:00(월, 화요일 휴무)

타마고산도, 앙버터,
말차 라테, 아이스 초코 등

www.instagram.com/_
cafe.inn/

없음

다시 없을 카페,

커피냅 로스터스
Coffeenap Roasters

📍 서울시 마포구
　성미산로27길 70
📞 02-332-4131
🕘 09:00~22:00(휴일 없음)
☕ 코코히, 블랑코, 크림B
👍 www.instagram.com/
　coffeenap_roasters
🅿 없음

　　　　　　기존 카페와는 확연히 다른 스타일의 공간 구성과 인테리어로 오픈 첫날부터 지금까지 꾸준히 인기를 끌고 있는 곳. 적갈색 벽돌을 계단처럼 쌓아 올린 형태가 독특한 구조물이 되는 동시에 사람들이 앉는 자리가 되어 이색적인 분위기를 만든다. 카페 주인은 연남동 골목 끝자락의 정겨운 느낌을 해치지 않기 위해 익숙한 자재와 곡선을 적용해 붉은 벽돌로 언덕을 쌓듯 완성했다고. '커피냅 로스터스'란 이름에 걸맞게 다양한 커피를 맛볼 수 있는 것도 장점. 케냐, 과테말라, 코스타리카, 엘살바도르 등의 다채로운 원두로 커피를 선보이는 것은 물론 '바리스타 추천'이라는 필터 커피 메뉴를 통해 매주 새로운 커피를 소개하고 있다. 게다가 다크 로스팅과 라이트 로스팅으로 산지별 원두에 어울리는 로스팅을 가미해 커피 본연의 단맛을 끌어내는 데도 집중한다. 그중에서도 커피냅 로스터스만의 대표적인 커피 메뉴는 '코코히', '블랑코', '크림B'다. 특히 코코히는 일반적인 플랫 화이트보다 차별화된 추출 레시피로 더욱 풍미 깊은 커피를 즐길 수 있다.

미드센추리 가구로 꾸민 집 같은 카페

브라운하우스
Braun Haus

미드센추리 가구로 꾸민 카페들은 대부분 쇼룸같은 이미지가 강한데, 브라운하우스는 어쩐지 친구네 놀러온 듯 편안하고 친근한 분위기가 난다. 1940~1960년대 미국에서 유행하던 디자인 사조를 일컫는 미드센추리 스타일의 가구로 인테리어한 것부터 친절한 주인, 차분한 색감의 톤앤매너 등이 한데 어우러져 그런 분위기를 자아내는 게 아닐까 싶다. 브라운하우스가 위치한 곳도 조용한 주택가 골목이라 더욱 평온하게 느껴진다.

브랜드 디자인 스튜디오를 운영하던 가게 주인은 평소 관심 있는 미드센추리 가구를 하나둘씩 모으다 같은 취향을 가진 이들과 공유하고 싶어 브라운하우스를 열었다. 꼭 가구에 대한 사전 지식이 없어도 누구나 편하게 집에 있는 것처럼 머물렀으면 하는 마음에 카페 이름도 브라운하우스(Braun Haus)라고 지었다.

커피는 앤트러사이트의 원두를 사용하고 있으며, 시그너처 커피로 라테에 크림을 올린 '브라운 커피'가 있다. 부드럽고 묵직한 크림이 황홀한 맛을 선사하면서 곧 진하고 고소한 커피 맛이 이어진다. 여기에 바스크 치즈 케이크, 단호박 치즈 케이크, 브라우니 등을 곁들이며 한참 편안하게 즐기다 가기 좋다.

🏠 서울 마포구
　동교로50길 25, 2층
📞 070-4177-3333
🕐 11:00~22:00(월요일 휴무)
☕ 브라운 커피,
　바스크 치즈 케이크,
　단호박 치즈 케이크 등
👍 www.instagram.com/
　braunhaus_kr/
Ⓟ 없음

진심이 담긴 맛,

미라보양과자점
Mirabeaupatisseries

메뉴에 대해 설명하는 내내 두 눈을 반짝이며 즐거운 마음을 내비치는 카페 주인을 보니 디저트 맛의 비결이 바로 이것이구나 싶었는데, 특히나 좋은 재료로 만들어 '맛이 없을 수가 없다'며 그 과정을 들려주었다. 단맛을 낼 때는 설탕 같은 인공 조미료가 아니라 재료 본연의 맛을 살린다. 피스타치오 케이크의 경우 피스타치오 하나하나에 캐러멜을 입힌 뒤 결정화해 재료에서 나오는 특유의 달콤함과 풍미를 배가하는 식이다. 또 누구에게나 일정한 맛의 디저트를 내어주기 위해 재료 계량에 특히 신경 쓴다고. 프랑스와 이탈리아 요리뿐만 아니라 베이킹까지 오랫동안 배우고 가르치며 갈고 닦은 실력까지. 미라보양과자점의 디저트가 맛

있는 이유를 설명하자면 끝이 없다.
이렇듯 정성과 진심을 다해 디저트를 만드는 미라보양과자점에서는 마카롱을 제외하고, 매달 다른 맛의 신메뉴를 선보인다. 때문에 다음 메뉴를 맛볼 수 있다는 기대감과 설렘에 이곳에서만은 시간의 흐름이 전혀 아쉽지 않다.

 서울시 마포구
동교로27길 21-12, 1층

📞 010-8807-4037

🕐 화~토요일 11:00~20:00,
일요일 11:00~17:00
(월요일 휴무)

☕ 마카롱, 케이크는 매달
변동

👍 www.instagram.com/
mirabeaupatisseries/

Ⓟ 없음

독보적인 분위기의 카페,

서치홀
Search Hall

화이트와 베이지, 그레이와 블랙 등 톤온톤 조합을 무척 세련되게 잘 녹여낸 곳으로 자체 제작한 가구와 소품까지 곁들여 어디서도 볼 수 없는 고급스럽고 세련된 공간이다. 카페 내 모든 공간이 하이라이트라 할 만큼 멋스럽고 세련됐는데, 루프톱 역시 서치홀의 백미라 할 만하다. 널찍한 라탄 의자와 파라솔, 푸릇푸릇한 식물로 서치홀의 고급스러운 느낌과는 또 다른 동남아시아풍 휴양지 분위기를 물씬 풍긴다. 날씨 좋은 날이면 이곳에 앉아 달콤한 망중한을 보내기에 부족함이 없을 듯하다.

미니멀 인테리어의 대가라 할 수 있는 인테리어 디자인 업체 '투톤'에서 완성한 카페로 서치홀 2층에는 투톤의 사무실이 있다. 종종 직원들이 1층에 내려와 커피를 즐기는 만큼 맛에도 각별히 신경을 쓴다. 커피는 다크 초콜릿의 오묘한 쓴맛과 부드러운 단맛이 조화로운 듀스 커피의 에스프레소 원두를 사용하며, 마들렌, 피낭시에, 케이크, 쿠키 등 디저트도 다양하게 준비되어 있다.

서울시 마포구
동교로23길 98-9

02-332-4041

12:00~21:00,
주말 12:00~22:00
(월요일 휴무)

에스프레소 샤케라토,
롱블랙, 아인슈페너,
아쌈 밀크티, 피낭시에

www.instagram.com/
cafe_search_hall

청운주차장(유료) 이용

카 페 를 넘 어 선 공 간 의 힘 ,

애오개123
Aeogae123

언젠가 가구 브랜드 비플러스엠 쇼룸을 만나고 나서 '나무성애자'의 길로 들어섰는데, 그로부터 몇 년이 지난 지금, 비플러스엠 쇼룸은 아현동으로 이전해 카페, 소품 숍, 스튜디오 등 다양한 공간이 모인 '애오개123'으로 거듭났다. 폐허나 다름없던 공장을 다듬고 손봐 따스하면서도 세련된 공간으로 탈바꿈시킨 것. 특히 비플러스엠 대표는 기존의 오래된 공간이 지닌 흔적은 군데군데 남겨두면서 밝게 리뉴얼해 마치 영화의 장르는 바뀌어도 이야기는 계속 이어지는 느낌을 주고 싶었다고 한다. 그녀의 말처럼 애오개123에 처음 발을 디뎌도 공간이 친근하게 다가오는 것은 그 때문이었다. 가구가 놓인 공간은 큰 창을 통해 들어오는 넉넉한 햇빛 덕분에 더없이 여유롭고 평화롭게 느껴졌다. 쇼룸 맞은편에 있는 카페 포포크에서 음료와 디저트를 주문해 비플러스엠 쇼룸&스튜디오에서 즐길 수 있다. 대관을 해야만 이용할 수 있는 스튜디오 개념에서 벗어나 보다 많은 이들이 공간을 누리고 시간을 보낼 수 있도록 하기 위해서다. 우리가 원하는 카페의 의미인 '여유롭게 커피를 마시는 곳'에 이보다 잘 부합하는 곳이 있을까.

서울시 마포구
마포대로16길 7-14

02-336-7181

11:00~20:00
(월요일 휴무)

아메리카노, 말차 테린느,
유자 치즈 테린느,
초코 다쿠아즈

www.instagram.com/
studio_123_

없음

갤러리 같은 공간이 돋보이는,

언더스테이티드 커피
Understated Coffee

📍 서울시 마포구
만리재옛길 69-1, 1층 1호
📞 010-2979-0732
🕐 12:00~18:00
(일요일 휴무)
☕ 아메리카노, 케멕스(드립
커피), 라테, 쿠스미 티 등
👍 www.instagram.com/
understated_coffee/
Ⓟ 없음

불규칙적인 선과 거친 소재 등 예측할 수 없는 것들이 한데 어우러져 아름다움을 발하는 곳. 정겨운 가게들이 이어진 조용한 골목에 홀로 자리한 점도 언더스테이티드 커피를 더욱 돋보이게 한다.

프랑스에서 건축을 전공한 카페 주인은 갤러리 같은 카페를 꿈꾸며 이곳을 손수 완성했다. 이야기를 듣고 보니 카페 중앙에 자리한 비정형 테이블 겸 좌석이 거대한 조각품으로 보이기도 한다. 카페 내

부에 저마다 다른 분위기를 띠는 공간도 두어 개 마련돼 있어 전시회를 둘러보는 기분도 난다.

무엇보다 이곳은 케멕스(드립 커피)와 라테, 스콘이 모두 맛있다고 소문나 있다. 커피를 추출하는 온도나 압력을 세심히 신경 쓰고 원두와 재료의 계량을 철저히 지키는 덕분이다. 이러한 철칙 덕에 사람들은 그날의 날씨나 컨디션 등에 영향을 받지 않고 같은 맛을 느끼게 된다.

속이 꽉 찬 핫 샌드위치,

카페 그리너티
Cafe Greenutty

카페 안으로 들어서자 제일 먼저 창가 자리가 눈에 들어왔다. 하얀 커튼 사이로 풍납동의 한가로운 풍경이 두 눈에 가득 담기는 자리. 그리고 그 옆으로 자그마한 탁자와 나무 스툴이 오밀조밀 놓여 있고, 혼자 조용히 커피를 즐기기에 좋은 방과 여럿이 와서 담소를 나누기에 적당한 큰 방도 마련돼 있었다. 한 곳에 서로 다르면서도 같은 분위기를 지닌 공간이 여럿 있어 올 때마다 새로운 기분을 느낄 수 있다.

특히 창가 자리는 모두가 탐내는 곳. 자리 선점이 치열한 이곳 대신 방 안에 들어가 혼자 조용히 책을 보며 주문한 메뉴를 기다렸다. 주문한 메뉴는 카페 그리너티에 가면 꼭 맛봐야 할 핫 샌드위치를 비롯해 함께 곁들이기 좋은 상큼한 자몽 에이드. 핫 샌드위치는 주문받은 즉시 주방에서 갖가지 재료로 속을 꽉 채운 샌드위치를 토스트기에 구워주는데, 지글지글 굽는 냄새에 기다리는 시간이 괴로우면서도 행복하다. 다마고 샌드위치는 잘게 으깬 달걀이 꽉 차 있고, 야채 사라다 샌드위치는 갖가지 채소를 다져 마요네즈에 버무린 재료가 풍성하게 들어 있다. 대식가도 한 개를 다 먹으면 포만감이 들 정도로 아주 든든하다.

- 서울시 송파구 풍성로23길 17
- 010-2992-1691
- 10:00~21:00 (월요일 휴무)
- 다마고 핫 샌드, 사라다 핫 샌드, 초코 너티 핫 샌드 등
- www.instagram.com/ cafe.greenutty
- 없음(근처 공영주차장 이용)

이국적인 분위기를 풍기는,

카페 마달
Cafe Madal

📍 서울시 송파구
백제고분로45길 23-5
📞 070-4123-0420
🕐 12:00~22:00
☕ 카페 누아르, 네베 라테,
착즙 주스, 소보루 스콘 등
👍 www.instagram.com/
cafemadal
🅿 없음

송파동의 한 조용한 주택가에 이국적인 분위기로 단번에 시선을 사로잡는 카페 마달이 있다. 누구라도 걸음을 멈추게 하는 매력을 지닌 마달은 영국에서 공수한 빈티지 가구로 따뜻하고 아늑하게 꾸미고, 군데군데 파릇파릇한 식물을 배치해 생기를 더하는 한편 오렌지 컬러의 소품으로 상큼한 포인트도 잊지 않았다.

마달은 스콘이 참 맛있다. 소보루, 라즈베리, 스트로베리, 사워 크림 등 다양한 종류의 스콘이 있는데, 그중에서도 소보루 스콘은 '겉은 바삭하고 속은 촉촉한 맛'의 정석을 보여준다. 소보루 특유의 달콤하면서도 고소한 맛도 잘 살렸다. 스트로베리 스콘도 상큼하고 달콤한 딸기잼과 고소한 맛이 잘 어우러져 자꾸만 손이 가게 한다. 여기에 진한 에스프레소와 아메리카노의 중간 맛인 '카페 누아르'를 곁들이거나 오렌지 또는 자몽을 100% 착즙한 주스를 마시는 것도 좋겠다. 조금 달달한 맛을 선호한다면 '네베 라테'를 마셔볼 것. 플랫 화이트에 생크림과 달콤한 맛을 더한 커피다. 단, 아이스로만 즐길 수 있으니 참고하자.

외국 감성이 물씬 나는,

카페 브리에
Cafe Briller

서울시 강동구
강동대로51길 50

없음

11:00~21:00(월요일 휴무)

크루아상 샌드위치,
과일 요거트, 피낭시에, 스콘 등

www.instagram.com/
cafebriller

주차 1대 가능

　　　　새로운 카페를 열심히 찾던 중 감각적인 인테리어에
홀려 바로 달려갔던 카페. 톤 다운된 회색으로 벽을 마감해 유럽의
오래된 골목에 들어선 듯한 분위기를 풍기는데, 눈앞에 나타나는 카
페 내부의 공간을 연결하는 아치형 입구를 본 순간 그 웅장함과 멋
스러움에 감탄이 절로 나왔다.
카페 브리에는 시즌마다 새롭게 내놓는 디저트와 샌드위치의 맛이
특별해 멀리 사는 사람도 단골로 만든다. 특히 크루아상 샌드위치는
카페 브리에에서 꼭 맛봐야 할 메뉴. 바삭바삭하면서도 부드러운 크
루아상 속에 얇게 슬라이스한 햄을 물결 모양으로 곱게 깔고 두툼한
브리 치즈와 과일, 루콜라 등으로 속을 풍성하게 채워 넣었다. 샌드
위치 하나만 먹어도 배가 부르지만 계절 메뉴로 만든 요거트를 비롯
해 피낭시에, 마들렌, 브라우니, 스콘 등 다양한 과자도 함께 즐기면
좋다. 종류마다 모양이 다른 예쁜 디저트를 한상 가득 차려 먹으면
그것이 곧 행복이니까.

한국적인 콘셉트와 메뉴의 카페,

ㅊa
Cha

서울의 브루클린이라 불리는 성수동. 개성 넘치는 카페가 많은 이곳에 이름부터 남다른 카페 ㅊa가 있다. 카페에 들어서자 이름만큼이나 재치 넘치는 메뉴명이 눈에 들어온다. 'ㅁilk tea', 'coㅍee', 'ㅂeverage', 'drip ㅊa', 'ㄷessert' 등. 얼핏 보면 동공이 흔들리지만 금세 읽히고 재미있는 작명에 웃음이 난다. 한국식 하이엔드 밀크티를 기획하며 카페 이름부터 메뉴까지 모두 한국적인 것으로 구성했단다.

센스 있는 타이포그래피에 한 번 감탄하고는 메뉴판을 둘러보는데, 달고나 밀크티와 달고나 푸딩이 눈에 띈다. 추억을 소환하는 먹거리 달고나로 만든 메뉴라니. 고민할 것도 없이 바로 주문한 뒤 한입 먹고는 그대로 감탄했다. 달고나 밀크티는 숭덩숭덩 썰어놓은 달고나를 밀크티에 가득 넣었는데, 달고나 특유의 달콤한 맛과 밀크티의 은은한 향이 조화를 이뤄 중독성 강한 맛을 자아낸다. 밀크티는 찻잎을 분쇄한 뒤 특별 제작한 기계를 통해 고압으로 추출해내는데 순수한 우유만 첨가해 보다 깔끔한 맛이 난다. 달고나 역시 매장에서 직접 만든 것으로 은은한 단맛이어서 부담 없이 즐기기 좋다.

📍 서울시 성동구
　　서울숲6길 2
📞 02-538-1014
🕐 10:00~22:00
🍵 달고나 밀크티, 아쌈차
　　밀크티, 달고나 푸딩 등
👍 www.instagram.com/
　　cha_seongsu
Ⓟ 없음

캐멀 컬러를 공간으로 표현한,

카멜 카페
Camel Cafe

카멜 카페 청담점

📍 서울시 강남구 도산대로 99길 60

📞 011-857-3337

🕐 09:30~20:00

☕ 카멜 커피, M.S.G.R (미숫가루), 앙버터, 파운드케이크

👍 www.instagram.com/ camel_cafe

Ⓟ 발레파킹 가능

담백함, 고급스러움, 따뜻함, 세련미 등 다양한 매력을 지닌 캐멀 컬러의 이미지를 공간으로 표현한 곳이 카멜 카페다. 이름처럼 카멜 카페는 대문부터 가구는 물론 공간을 장식한 각종 소품, 메뉴판, 벽, 바닥 등 모든 것이 저마다 채도를 달리한 캐멀 컬러로 채워져 있다.

특유의 공간 분위기도 이곳을 찾는 이유지만 커피와 빵도 맛있다. 부드럽고 고소한 크림이 들어간 카멜 커피와 플랫 화이트, 아인슈페너 그리고 M.S.G.R 등. M.S.G.R이 무엇인고 하니 미숫가루다. 센스 있는 네이밍에 피식 웃음이 난다. 빵 메뉴로는 스콘, 파운드케이크, 앙버터, 모닝 빵에 마요네즈를 버무린 샐러드가 듬뿍 들어간 사라다 빵도 있다. 빵 메뉴는 금방 품절되니 맛보고 싶다면 서둘러야 한다. 카멜 카페는 본점인 성수점을 비롯해 청담점, 도산공원점, 판교점까지 있다.

Woody Woody한,

우디집
Woody Zip

귀여운 이름이 호기심을 자극하는 카페. 우리 집을 귀엽게 발음해서 '우디집'이려니 했는데 알고 보니 나무의 'Woody'와 압축하다의 'Zip'을 합친 것이라고. 공간을 실제로 보는 순간 무릎을 탁 치며(!) 그 의미를 깨우칠 수 있는데, 바닥, 천장, 계단, 가구, 창문은 물론 작은 소품도 대부분 나무로 구성했다. 공간 가득 나무 냄새를 풍기는 우디집은 계단을 올라 2층으로 향하면 카페가 등장한다. 2층에 올라 제일 먼저 마주하는 공간에 주문하는 곳이 있고, 각 방마다 좌석이 마련돼 있어 조용하고 한적하게 시간을 보내기 좋다. 날씨 맑은 날 둘러앉아 햇빛 받으며 커피 마시기 좋은 야외 자리도 준비돼 있다. 우디집은 청포도 에이드와 초록차 라테, 모나카 앙버터 등이 유명하다. 초록차 라테는 다름 아닌 녹차 라테. 우디 카페인의 후기도 좋은 편인데, 묵직하고 달콤한 피스타치오 크림을 듬뿍 올린 플랫 화이트다. 무화과 파운드케이크, 마들렌 등의 디저트도 있으니 취향에 따라 즐겨보자.

서울시 성동구
둘레9길 17, 2층
010-3917-0456
12:00~21:00(월요일 휴무)
청포도 에이드, 초록차 라테,
우디 카페인 등
www.instagram.com/
woody_zip
없음

우디집

ㅇㄷㅈ

일상 속 행복,

루틴
Routine

📍 서울시 성동구
   보문로34가길 6
📞 02-6489-4589
🕐 11:00~22:00
☕ 크림 모카, 크림 말차,
   테린, 홈메이드 와플 등
👍 www.instagram.com/
   cafe.routine
Ⓟ 없음

여대생들의 활기찬 분위기가 느껴지는 성신여대역 부근. 아기자기한 카페가 상대적으로 많은 이 동네에 다소 차가우면서도 따뜻하고, 자로 잰 듯 간결하게 떨어지는 선과 구조로 세련미를 자아내는 카페가 있다. 이름은 루틴 (Routine). 일상, 반복이란 뜻으로 가끔은 부정적 뉘앙스로 쓰이기도 하지만 카페 루틴에서만큼은 예외다. 나만의 전용 잔으로 카페에서 소소한 행복을 누릴 수 있기 때문이다. 루틴을 방문하면 그때마다 스탬프를 찍어주는데, 30번 방문하면 전실에 놓인 잔이 나만의 전용 잔이 된다. 카페를 방문하는 일상이 조금이라도 특별하게 느껴질 수 있도록 배려한 가게 주인의 아이디어가 돋보인다.

정갈하고 군더더기 없는 공간도 근사하지만 루틴에서 맛볼 수 있는 디저트도 빼놓을 수 없다. 특히 홈메이드 와플을 추천한다. 유기농 사탕수수 원당과 천연 펄슈거, 프랑스 천연 버터 등 좋은 재료만을 사용해 건강하게 만들었다. 계핏가루를 솔솔 뿌려놓아 먹기 전부터 침샘이 고이는데, 촘촘한 결로 이루어진 와플을 한입 베어 물면 일상의 소소한 행복이 커다랗게 느껴진다. 진득한 테린과 예쁜 받침대에 내어주는 하겐다즈 아이스크림도 꼭 맛봐야 할 메뉴다.

차 한 잔과 스콘에 행복이 밀려오는,

뚝방길 홍차 가게
ttukbang

📍 서울시 광진구
자양강변길 277
📞 02-512-0189
🕐 12:00~21:00
(화요일 휴무)
☕ 스콘, 샌드위치, 애프터눈 티 등
👍 www.instagram.com/
ttukbang/
🅿 없음

그런 날이 있다. 갑작스레 갓 구운 스콘에 따뜻한 차 한 잔을 마시고 싶은 날. 눈부신 햇살이 온몸을 기분 좋게 감싸고, 가벼운 옷차림에 발걸음까지 가벼워지는 어느 봄날, 뚝방길 홍차 가게로 향했다.

광진구 자양동의 어느 조용한 골목길. 멀리서도 눈에 띄는 어여쁜 민트색 건물이 마음을 설레게 한다. 문을 열고 들어서자 코끝을 간질이는 향긋한 차와 먹음직스러운 스콘, 마들렌, 케이크 등이 눈과 코를 즐겁게 한다. 앤티크 가구와 소품으로 이국적인 풍경을 그려내는 카페에서 햇살이 잘 드는 창가 쪽에 자리를 잡았다.

이곳의 주인은 오랫동안 티 소믈리에로 활동한 어머니에게 조언을 구해 다른 티 카페에서 쉽게 접하기 힘든 인도 다원에서 생산된 고품질 차와 더불어 대중적인 브랜드의 차를 선보이고 있다. 스콘 종류도 솔티 캐러멜, 피스타치오 플레인, 트러플, 얼그레이, 헤이즐넛 등 다양해 취향에 따라 즐길 수 있다. 특히 플레인 스콘에 클로티드 크림이나 잼을 발라 먹으며 따뜻한 차 한 잔을 마시면 더없이 행복한 시간이 된다. 어여쁜 찻잔과 티포트, 향긋한 차에 달콤한 디저트를 곁들이는 이 순간이 영화 속 한 장면처럼 느껴지기도 한다.

☕

집에서 즐기는 듯한 고급스러운 커피,

리이케 커피
Liike Coffee

📍 서울시 성북구
보문로34길 24
📞 010-7173-1965
🕐 월~금요일 08:00~19:00,
토요일 12:00~20:00
(일요일&공휴일 휴무)
☕ 드립 커피, 제주 레몬차, 제주
댕귤차 등
👍 www.instagram.com/liike_
coffee
🅿 없음

리이케 커피는 카페가 위치한 성신여대의 풋풋하고 해맑은 여대생처럼 따사롭고 맑은 공간이다. 고급 주택을 개조한 듯 층층이 놓인 계단 위로 빨간 벽돌을 차곡차곡 쌓아 만든 건물, 그 가운데 난 커다란 유리창을 통해 햇살이 가득 들어오며 더없이 안온한 분위기를 만든다.

부드러운 개나리빛 진열대에 깨끗한 화이트 타일로 마감한 주방 등 따뜻한 톤과 인테리어로 마감한 이곳은 모든 여자들이 꿈꾸는 로망의 공간이라 할 만하다. 커피는 드립 커피와 라테, 아포가토가 있고, 다른 음료는 제주 레몬차와 제주 댕귤차, 카카오 밀크가 있다. 심플한 메뉴로 몇 가지 음료 맛에만 집중한다. 커피에 사용하는 원두는 볼리비아, 인도네시아, 에티오피아 등. 그중 리이케 커피에서 경험한 볼리비아 원두 드립 커피는 묵직하면서 약간의 산미가 느껴지는 깔끔한 맛으로 첫 모금에 '좋다!'는 느낌이 들 정도로 만족스러웠다. 천천히 정성스레 커피를 내리며 원두와 맛에 대해 친절히 설명해주는 사장님 덕에 커피 맛이 훨씬 더 배가되었는지도 모른다.

☕

카페 위코브
Cafe Weekof

큰 창문으로 모든 공간에 햇빛이 쏟아져 들어와 머무는 내내 힐링 하는 기분이 드는 곳. 햇빛이 얼마나 잘 드는지 따뜻한 음료를 주문했다가 금세 아이스로 바꾸는 일이 많다고. 채광 훌륭한 공간에 빈티지한 가구로 멋스러운 인테리어를 갖췄으며, 조용한 동네 분위기 덕에 책을 읽거나 혼자 한가하게 시간을 보내기 좋다. 특히 카페 위코브에서는 구움 과자를 꼭 맛봐야 한다. 카눌레를 좋아했던 카페 주인이 가게를 열기 전 이곳저곳을 찾아다니며 카눌레를 맛보고 혼자만의 레시피를 만들어 '겉은 바삭하고 속은 촉촉한' 카눌레의 정석을 찾아냈다. 베이킹 시 온도와 시간 등을 여러 차례 달리 시도하면서 많은 사람이 좋아하는 위코브만의 카눌레 맛을 실현했다. 카눌레 외에 초코칩 쿠키, 얼그레이 테린도 있으며, 계절에 따라 제철 재료로 만드는 파운드케이크도 인기다. 사과 철에는 파운드케이크 위에 어여쁜 미니 사과를 올려 만드는데, 맛도 좋고 비주얼도 예뻐 사랑할 수밖에 없다. 울적한 날에는 위코브에 들러 따뜻한 햇살을 받으며 맛있는 카눌레나 파운드케이크를 먹으면 마음이 금세 치유되니 기억해두자.

 서울시 성북구 고려대로
7가길 1

📞 02-962-7449

🕐 11:00~18:00
(일요일 휴무)

🍴 에이드, 계절 음료,
카눌레, 파운드케이크 등

👍 www.instagram.com/
cafe.weekof

Ⓟ 없음

스위스의 감성을 담은,

제뉴어리피크닉
Januarypicnic

한 달 동안 스위스로 첫 해외여행을 간 카페 주인은 푸르른 대자연과 끝없이 펼쳐지는 초원 위에 아기자기한 마을이 있는 동화 같은 풍경에 매료되었고 여행에서 받은 감동을 담아 '제뉴어리피크닉'을 열었다. 스위스풍 카페라기보다는 당시 느꼈던 '감성'을 담은 것이 포인트다. 제뉴어리피크닉은 카페 주인처럼 아기자기하고 사랑스러운 분위기를 띤다. 여자들의 로망인 깔끔하고 깜찍한 주방에 작은 창문 틈새로 햇살이 따스하게 내리쬔다.

대표적인 메뉴는 스위스의 마을에서 이름을 따온 '그린델발트 샌드위치'. 거대한 초록빛 초원 위로 집들이 옹기종기 모여 있는 모습처럼 빵 위에 베이비 채소를 듬뿍 올리고 치즈, 햄, 계절 과일 등을 풍성하게 넣었다. 웅장한 초원에서 영감을 받아서인지 샌드위치 속재료가 넘칠 만큼 한가득이다. 계절에 따라 선보이는 디저트도 꼭 맛봐야 한다. 예쁜 비주얼에 한 번 놀라고, 맛에 두 번 놀랄 만큼 놓치면 섭섭하다.

 서울시 성북구
창경궁로43길 26

02-747-5394

12:00~20:00
(월요일 휴무)

그린델발트 샌드위치,
계절 디저트, 라임 에이드,
바닐라빈 라테 등

www.instagram.com/
januarypicnic

없음

평온한 보신각 풍경을 곁에 둔

서울상회
Seoulsanghoe

비가 보슬보슬 내리던 평일 오후, 멍하니 커피 한 잔 마시며 쉬고 싶던 중 서울상회가 떠올랐다. 고즈넉한 보신각과 푸른 나무가 어우러져 그림같은 풍경이 보이는 곳. 이곳을 찾은 이들은 하나같이 창가에 앉아 창문 너머의 차분한 경치를 감상하며 커피나 차를 마시고 있었다. 아무 것도 하지 않고 한참을 창밖만 바라보던 어떤 이의 모습은 아직도 기억에 남는다. 종각역을 바쁘 오가는 현대인들이 잠시 사색하며 쉴 수 있는 공간이 되고자 하는 서울상회. 보신각이 보이는 이곳의 위치를 십분 활용해 큰 창으로 풍경을 즐길 수 있는 인테리어를 완성하고, 차분한 색감과 간결한 직선 형태의 가구로 편안함까지 더했다. 서울상회는 커피, 차, 디저트뿐 아니라 칵테일까지 즐길 수 있다. '카페에서 웬 술이냐'고 한다면 '카페라고 꼭 커피만 팔아야 하는 건 아니지 않냐'고 반문하고 싶다. 이곳의 주인은 카페라는 틀로 메뉴를 한정 짓지 않았다. 혼자 사색을 즐기거나 함께 찾은 이와 휴식하며 곁들이기 좋은 메뉴라면 그만이다. 중국에서 들여온 세 종류의 중국차는 더 특별한 분위기를 선사한다. 진득한 크림과 고소한 인절미가 더해진 '인절미 크림 케이크'도 꼭 맛봐야 한다.

서울 종로구 우정국로
2길 17 동강빌딩 3층
02-725-1205
12:00~22:00
(일, 월요일 휴무)
중국차, 필터 커피, 아인슈페너, 인절미 크림 케이크 등
www.instagram.com/
seoul_sang_hoe/
없음

비화림
Bihwarim

예스러운 가옥이 즐비한 계동길을 걷다 보면 전통적인 외관에 작은 창으로 커피와 차를 내어주는 아기자기한 공간이 눈에 들어온다. 독립서점 겸 카페로 운영되는 비화림이다. 서점과 카페가 함께 운영되는 아늑한 외관이 참 예뻐 오픈 후부터 '외관 맛집' '사진 맛집'으로 인기를 끌고 있다. 작고 아담한 공간 안에 어른들을 위한 그림책과 시집, 문학, 소설 등으로 알차게 꾸린 서가가 이곳을 더욱 따뜻하게 만든다. 베스트셀러가 주목받는 대형 서점에서는 쉽게 접할 수 없는 도서들이다. 비화림 운영자이자 〈집에만 있긴 싫고〉, 〈졸린데 자긴 싫고〉, 〈어린이 되긴 싫고〉 등의 책을 쓴 장혜현 에세이 작가는 자신이 즐겁게 읽은 책들을 공유하며 사람들과 이야기를 나누고 싶어 이곳을 열었다. 그래서인지 직접 큐레이션한 도서 목록이 더 특별하게 느껴진다.

'비밀의 숲'이란 뜻을 지닌 가게 이름 비화림(秘花林)처럼, 계동길을 걷다 우연히 마주한 비밀스럽고 신비한 이곳에서 책과 커피를 탐닉하며 모처럼 따뜻한 휴식 시간을 가져보기를.

 서울 종로구
창덕궁길 153 1층

0507-1362-0312

11:00~19:00
(월요일 휴무)

느린커피, 차 등

www.instagram.com/
bihwarim_bookshop/

없음

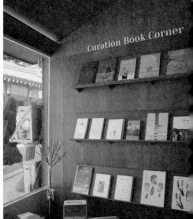

아름다운 디저트 천국,

레이어드
Cafe Layered

'예쁘다'와 '맛있다' 두 가지 모두 양립하기 쉽지 않은 디저트 세계에서 카페 레이어드는 비주얼과 맛을 모두 갖춘 대표적인 곳이다. 여기에 공간까지 동화 속에나 나올 법한 모양새를 갖춰 평일이건 주말이건 사람들이 끊임없이 찾는다.

레이어드는 1호점인 북촌점과 지난 2018년 12월에 오픈한 2호점 연남점이 있다. 서로 다른 옷을 '레이어드'해 입는다는 뜻처럼 북촌점은 한옥에 유럽식 디저트를 레이어드한다는 뜻으로 시작했다고. 북촌점에는 바질, 얼그레이, 스트로베리, 초콜릿 등 다양한 맛의 스콘과 케이크가 있는데 특히 스콘이 맛있기로 유명하다. 유럽풍의 로맨틱한 공간이 인상적인 연남점에는 스콘을 기본으로 아기자기한 모양새의 케이크가 보다 다양한 편이다. 종류가 워낙 많다 보니 들를 때마다 골라 먹는 재미가 있다. 디저트를 고를 때만큼은 세상 모든 것을 가진 듯 즐거워지는데, 레이어드의 시그너처 음료인 에스프레소 크림 밀크나 콘판나 등을 곁들이면 더 큰 행복이 물밀듯 밀려온다.

📍 서울시 종로구 북촌로2길 2-3(1호점)
서울시 마포구 성미산로 161-4(2호점)

📞 없음

🕐 월~금요일 08:00~22:00,
주말 10:00~22:00(1호점),
11:00~23:00(2호점)

🍰 바질 스콘, 빅토리아 케이크,
말차 가토, 에스프레소 크림
밀크 등

👍 www.instagram.com/cafe_
layered/

🅿 없음

고즈넉한 익선동 속 아늑한 공간,

끼룩하우스
Kkilook House

서울시 종로구
돈화문로11나길 26-4

02-747-2626

10:30~22:00

착즙 주스, 착즙 에이드,
스프레드 샘플러 등

www.instagram.com/
kkilook.house/

없음

복작대는 익선동에서 조금 벗어난, 다소 한갓진 골목을 숨바꼭질하듯 발걸음하다 보면 '끼룩하우스'란 이름의 카페가 눈에 들어온다. 끼룩(Kki Look)이란 이름은 직원들이 지닌 '끼'를 더 많은 이들에게 보여주고자(Look) 지은 이름이다. 이런 의미 외에도 카페 로고 심벌처럼 갈매기를 상징하기도 한다.

아늑한 주택 건물에 마련된 끼룩하우스는 1층은 베이커리, 2층은 좌식과 테이블 공간, 3층은 루프톱으로 이루어져 있다. 2층에 오르면 갈매기 날개를 형상화한 굴곡진 평상 자리가 있다. 평상 자리에서는 커다란 창문을 통해 과거와 현재가 공존하는 익선동의 정겨운 풍경이 내려다보이는데, 이곳에 앉아 맛있는 베이커리와 커피를 즐기며 동네 전경을 바라보면 색다른 운치가 느껴진다.

평상에 자리를 잡았으면 고소한 향이 유혹적인 베이커리를 골라보자. 유기농 재료에 천연 발효종을 만들어 매장에서 직접 구워낸 다양한 빵이 준비돼 있다. 특히 빵과 함께 즐길 수 있는 메이플 너츠, 라즈베리, 바질, 프레시 버터 등 5가지 맛의 스프레드 샘플러가 인기다. 플레인 빵이나 캄파뉴, 바게트, 식빵 등 취향에 따라 골라 발라 먹는 재미가 있다.

세련된 주택의 베이커리 카페,

북한산제빵소
bukhansanatelier

🏠 서울시 종로구
경희궁2길 10
📞 070-8833-3546
🕐 09:00~21:00
🍮 바닐라 라테, 모카 라테,
초코 라테, 밀크티,
홈메이드 자몽티 등
👍 www.instagram.com/
bukhansanatelier/
🅿 없음

직장인으로 북적이는 광화문역 부근의 한 골목 안, 깔끔한 흰색 단독주택에 자리 잡은 북한산제빵소가 눈에 띈다. 안으로 들어서면 북한산제빵소라는 친근한 이름과 달리 감각적인 공간이 보물처럼 펼쳐지는데, 계단을 따라 올라가면 이곳의 화룡점정인 온실 정원이 등장한다. 웬만한 식물원보다 세련되고 멋스럽게 꾸며져 사람들의 필수 포토 존이 된다.

카페 이름처럼 베이커리에 특화된 곳이다 보니 커피 맛은 크게 기대하지 않는 이들이 있는데, 북한산제빵소는 그런 편견을 깬다. 커피는 견과류의 고소함과 다크 초콜릿 향이 감도는 타입과 과일 향이 매력적인 타입 두 가지 원두 중 취향에 따라 고를 수 있고, 이 외에 봄에는 생과일 주스, 여름에는 팥빙수, 가을에는 메이플 라테를 선보이는 등 계절마다 즐길 수 있는 한정 메뉴도 있다.

무엇보다 역시 빵을 빼놓을 수 없다. 매일 아침 매장에서 구운 신선하고 다양한 종류의 빵을 선보인다. 프랑스에서 제빵을 배운 셰프의 지휘 아래 프랑스에서 공수한 밀가루와 버터 등을 사용하며, 천연 발효종을 하드 계열뿐만 아니라 페이스트리 계열의 빵 반죽에도 사용해 풍미가 살아 있고, 먹으면 속이 편안하다.

과거로 이동하는 공간,

오제도
Ojedo

과거의 흔적이 짙게 남아 있는 종로 5가 골목. 카페 입구에 쓰여 있는 '시간을 되돌리는 문'이란 문구처럼 문을 열자 옛날 영화 속으로 들어온 듯 과거의 향기가 폴폴 풍기는 빈티지한 공간이 등장한다. 낡은 벽지와 손때 묻은 가구, 커텐, 걸을 때마다 삐걱삐걱 소리 나는 계단과 바닥. 15년 이상 방치되었던 빈집이 사람들에게 아날로그 감성을 전하는 카페로 탈바꿈했다. 카페 주인은 종로 한복판에 '외딴섬'을 세워 사람들에게 위로와 영감을 주는 곳을 만들고 싶었단다. 이를 위해 공간에 인문학적 요소를 결합시키고, 다양한 예술가와 협업해 프로젝트를 진행하기도 한다.

어니스트 헤밍웨이가 좋아했던 크리스털 마운틴 커피와 반 고흐가 즐겨 마셨던 예멘 모카 마타리 등 '반고흐', '헤밍웨이', '익선동' 식의 커피 네이밍에 스토리텔링을 담아 선보인다. 직접 로스팅한 원두를 드립 커피로 소개하고, 역시 직접 만든 다양한 디저트를 내놓는다. 그중 빵을 넣지 않고 치즈 자체의 맛을 느낄 수 있는 큐브 모양의 치즈 케이크가 인기다. 이 외에 테린, 다쿠아즈, 티라미수, 인절미 앙버터 등 과거의 분위기 속에서 다채롭게 즐길 수 있는 현대식 디저트가 다양하게 준비돼 있다.

🗺 서울시 종로구
대학로1길 31
📞 010-2351-7447
🕐 12:00~24:00,
일요일 12:00~23:00
🍵 커피, 와인, 치즈 케이크,
테린 등
👍 www.instagram.com/
ojedocafe
Ⓟ 없음

한옥에서 누리는 프라이빗 커피 타임,

블루보틀 삼청 한옥
bluebottle coffee

2019년 성수동에 첫 매장을 오픈하며 큰 화제를 모은 미국 스페셜 티 커피 브랜드 블루보틀. 국내는 1호점인 성수점을 시작으로 삼청점, 압구정점, 역삼점, 삼청 한옥점에 둥지를 틀었는데, 특히 삼청 한옥점을 빼놓을 수 없다. 한국 전통 한옥과의 조우로 이색적이고도 고즈넉한 분위기를 자아내는 것. 전통적인 창호 대신 통유리창을 접목하고, 세련된 마감재와 깔끔한 가구 등으로 현대적인 미학을 반영했다. 무엇보다 삼청 한옥점은 블루보틀 매장에서 유일무이한 예약제 시스템을 도입해 보다 프라이빗한 분위기를 즐길 수 있다. 덕분에 고즈넉한 한옥의 분위기를 온전히 느끼며 마치 파인 다이닝에서 코스 요리를 즐기는 듯한 기분을 만끽할 수 있다. 사전 예약을 하면 음료와 어울리는 디저트 페어링을 맛볼 수 있다. 청량한 솔잎을 사용한 '솔 라임 피즈', 블루보틀의 시그너처 놀라 베이스의 '놀라 크렘 브륄레', '융드립' 커피와 함께 페이스트리 페어링과 초콜릿 페어링을 천천히 흐르는 시간 속에서 즐길 수 있다.

🏠 서울시 종로구
삼청로2길 40-3
📞 02-736-6998
🕐 14:00~18:00
🍽 솔 라임 피즈, 놀라 크렘 브륄레
등의 음료 & 디저트 페어링
👍 www.instagram.com/
bluebottlecoffee_korea/
🅿 없음

현대미를 품은 한옥 카페,

어니언 안국점
cafe.onion

성수점을 시작으로 미아점을 오픈하며 각 매장마다 동네의 특색이 담긴 공간을 구현해 사람들의 발길을 모은 어니언. 그중에서도 안국점은 전통이 깃든 북촌의 문화를 반영한 한옥 카페로 한국인은 물론 외국인의 필수 코스로 자리 잡고 있다. 푸른 소나무, 세월의 흐름이 담긴 고목과 서까래, 넓고 여유로운 대청마루…. 한옥 특유의 정취를 최대한 해치지 않으면서 현대적인 미를 가미한 곳으로 포도청에서부터 한의원, 요정, 한식당으로 쓰이며 100년의 세월을 품은 곳을 전통과 현대가 조화를 이루는 베이커리 카페로 탈바꿈시켰다.

베이커리 메뉴에도 동서양 맛과 멋이 조화되어 있다. 커스터드 크림과 생크림으로 만든 빵에 콩가루를 묻힌 인절미빵, 매생이와 꿀, 감태를 재료로 만든 허니 매생이 감태빵, 서리태를 넣은 스콘 등 어니언에서만 맛볼 수 있는 특색 있는 빵이 다양하다. 볕 좋은 날, 대청마루에 자리를 잡고 먹음직스러운 빵과 커피를 마시며 우리네 선조들이 그랬던 것처럼 풍류를 즐겨보면 어떨까.

서울시 종로구
계동길 5

070-7543-2123

07:00~21:00,
주말 09:00~21:00

드립 커피, 밀크티, 요거트,
티 등

www.instagram.com/
cafe.onion

없음

한옥에서 즐기는 한식 디저트,

올모스트홈 카페
almosthomecafe

고즈넉한 정취가 가득한 서울 종로구 소격동의 정독도서관 부근. 관광객과 오가는 사람들로 분주한 거리에서 살짝 시선을 거두니 푸릇푸릇한 대나무가 쾌청한 공기를 내뿜는 조용한 골목이 눈에 들어온다. 시원한 산세를 따라 골목 안으로 들어서자 옛날 양반집에 온 듯 고풍스러운 분위기의 한옥, 올모스트홈 카페가 눈앞에 펼쳐진다.

한옥 카페답게 메뉴도 한국식 디저트를 선보인다. 이북경단, 양갱 등을 비롯해 역시 우리 전통 음식 재료를 활용해 만든 음료인 쑥차 라테, 고구마 라테 등을 맛볼 수 있다. 특히 떡이나 강정은 무형문화재 박경미 장인이 전통 방식으로 정성스레 만든 것이다. 시그너처 메뉴인 '경단 플레이트'는 이북경단, 양갱, 쌀강정, 연근칩으로 구성됐으며, 이북경단은 쫄깃하고 부드러운 떡 안에 직접 만든 팥 앙금을 넣은 뒤 위에 카스텔라 가루를 뿌려 풍부한 맛이 나는 게 특징이다. 시그너처 음료인 쑥차 라테는 서해안의 해풍을 맞고 자란 향긋한 쑥과 국내산 17가지 곡물을 갈아 넣어 구수한 맛과 향이 조화를 이룬다.

소격동 한옥 카페와 또 다른 매력을 품은 올모스트홈 카페 경리단길점도 있다. 좁다란 건물 사이에 아담하게 들어선 경리단길점은 작은 숲 같은 테라스 공간 위주로 꾸며 도심 속 쉼터가 되어준다.

올모스트홈 카페 경리단길점

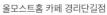

📍 서울시 종로구 율곡로3길 87(아트센터점)
　서울시 용산구 회나무로13길 12(경리단길점)
📞 02-734-2626(아트센터점)
　02-749-3274(경리단길점)
🕐 11:00~19:00, 금~토 11:00~20:00(아트센터점)
　11:00~20:00(경리단길점)
🍮 이북경단 모둠, 쑥차 라테, 크림 라테 등
👍 www.instagram.com/almosthomecafe_artsonje(아트센터점)
　www.instagram.com/almosthome_epigram(경리단길점)
Ⓟ 없음

한국의 미를 고스란히 담은,

더 피터 커피
The Pter Coffee

보다 한국적인 멋을 살린 공간을 구현하고 싶었던 카페 주인은 테이블 위에 놓인 작은 화병, 나뭇가지 등 공간을 장식하는 작은 소품까지 한국적인 분위기를 담은 것으로 구성했다. 특히 인테리어의 주축이 되는 나무, 돌 등은 한국산으로 공수해 고유의 색깔을 내는 데 힘을 실었다.

한국의 멋이 돋보이는 카페라고 해서 차와 한과를 팔 것이란 편견은 잠시 접어두자. 프랑스에서 제빵 경험을 쌓은 주인이 바게트와 크루아상을 선보인다. 특히 크루아상 맛에 대한 자부심이 강한데, 직접 먹어보면 부드럽고 고소한 맛에 반할 수밖에 없다. 음료는 커피와 차가 준비돼 있다. 커피는 싱글 오리진 원두 특유의 맛을 뽑아내기 위해 미리 머신을 세팅한 뒤 빠른 속도로 일정한 맛을 내고 있다. 차는 프랑스의 테오도르와 싱가포르의 그리폰 브랜드를 기본으로, 특별한 향을 가미한 차와 카페인이 없어 부담 없이 즐길 수 있는 종류로 구성했다.

- 서울시 중구 퇴계로 411
- 010-2302-5026
- 11:00~22:00(일요일 휴무)
- 드립 커피
  (과테말라, 에티오피아),
  9곡 라테, 차, 크루아상 등
- www.instagram.com/the_
  pter_coffee
- 공영주차장 이용

이국적인 분위기가 가득한,

꽁티드툴레아
Contedetulear

서울시 강남구
도산대로49길 39

070-8846-8490

11:00~24:00,
일요일 11:00~23:00

요거트, 과일 주스, 과일
에이드, 콤부차 등

www.instagram.com/
contedetulear/

있음

매장이나 카페가 다양한 도산공원 부근. 꽁티드툴레아 도산점은 그중에서도 특히 이국적인 분위기를 풍긴다. 건물은 한국식 벽돌 주택을 개조해 카페로 탈바꿈시켰지만 한편으로 휴양지에 머무는 듯한 느낌을 자아낸다. 꽁티드툴레아는 프랑스어로 '툴레아섬의 이야기'라는 뜻으로 어느 한적한 섬에서 여유롭게 커피와 브런치를 즐기는 듯한 기분이 나도록 메뉴를 구성했다. 수제 요거트에 제철 과일을 푸짐하게 넣는 식으로 신선한 과일과 채소 등 자연에서 얻은 재료를 바탕으로 만든 음식을 주로 선보인다. 음료 역시 당근, 오렌지, 생강을 100% 착즙한 주스, 제철 과일을 그대로 갈아 만든 건강한 주스가 있고, 이 외에 비주얼이 어여쁜 다양한 베이커리류를 맛볼 수 있다. 커피는 식사나 베이커리류와 함께 가볍게 즐길 수 있도록 산미는 적고, 초콜릿 향이 나는 4가지 원두를 배합해 내리고 있다.

카페와 함께 캔들, 디퓨저 등 꽁티드툴레아만의 향기 제품을 만날 수 있는 쇼룸도 갖추고 있으며, 프랑스 유리 브랜드 '라소플레리'의 다양한 오브제도 소개하고 있다.

도심의 고층 빌딩 속 힐링 가든,

티컬렉티브
Tea Collective

고층 빌딩으로 둘러싸인 강남 삼성동 거리. 그 가운데 자리한 한 빌딩 17층에 탁 트인 전망과 신선한 분위기에 절로 감탄하게 되는 티컬렉티브가 자리해 있다. 넓고 높은 창으로 한눈에 내려다보이는 서울 도심의 전망과 하늘 높이 우뚝 선 대나무 중정, 졸졸 물 흐르는 소리가 울려 퍼지는 별도의 테라스 공간까지. 그야말로 도심 속 힐링 가든이라는 말이 제격이다.

공간에 심취한 뒤 메뉴를 둘러보니 감잎레몬밤차, 황금가지차 등 그동안 쉽게 접할 수 없던 차들이 눈길을 끈다. 티컬렉티브의 모든 차는 국내에 있는 농장에서 최상의 품질로 재배해 만든 순수 국산차로 그중에서도 차 시배지인 경상남도 하동에서 공수한 것이 대부분이며, 제주나 전남, 영월 등 청정 지역에서 재배한 것만 사용한다. 차를 만들 때도 설탕을 넣지 않고 강원도 야생화 꿀을 쓰거나 미숫가루, 커피 맛이 나는 현미커피차 등 건강하게 즐길 수 있는 레시피의 메뉴로 구성했다. 디저트도 마찬가지. 쑥이나 호박차를 넣어 만든 스콘은 자연 그대로의 맛을 담아내 담백하고 먹으면 속이 불편하지 않다.

동남아시아 분위기가 짙게 깔려 있는 시원한 전망을 품은 삼성동점과 이국적이고 세련된 청담점. 어느 공간이든 꽉 찬 만족감을 선사할 테니 모두 들러보는 게 좋겠다.

🏠 서울시 강남구 봉은사로 449, 17층
📞 02-6918-8255
🕐 11:00~22:00
☕ 호박차, 감잎레몬밤차, 황금가지차,
쑥 밀크티, 호박 스콘 등
👍 www.instagram.com/tea_collective
Ⓟ 있음

건축 작품 같은 카페,

펠트 커피
Felt

감각적인 인테리어의 카페를 넘어 이제는 하나의 건축 작품이라 칭할 만한 카페가 늘고 있다. 대표적인 곳이 펠트 커피 도산공원점이다. 하늘 높이 치솟은 기하학적 형태의 외관에 내부로 들어서면 거대한 나무가 공중에 매달려 있는 형상이 시선을 압도한다. 특히 펠트 커피 도산공원점은 패션 브랜드 Junn.j와 협업해 오픈한 공간으로 디자이너 준지를 상징하는 검은색을 메인 컬러로 사용했다.

펠트 커피에는 창전동점과 광화문점을 비롯해 도산공원점까지 마주 보는 자리가 존재하지 않는다. 모두 같은 방향을 바라보며 공감대를 형성하기 위함이다. 매출을 생각하면 나올 수 없는 자리 배치다.

메뉴는 오직 커피에만 집중하며, 균형 잡힌 맛을 추구한다. 펠트 커피 도산공원점에서는 이곳에서만 맛볼 수 있는 에스프레소 블렌딩이 있는데, 다크 초콜릿의 풍미를 바탕으로 카카오 닙스의 부드러운 쓴맛이 느껴진다. 에스프레소, 아메리카노, 라테, 플랫 화이트 어느 것을 주문해도 풍미 깊은 커피를 맛볼 수 있다.

🏠 서울시 강남구
   언주로164길 23
📞 070-7756-3145
🕐 11:00~20:00
☕ 에스프레소, 아메리카노,
   카페 라테, 플랫 화이트 등
👍 www.instagram.com/
   felt_seoul
Ⓟ 있음

67 소호

67 Soho

67 소호의 대표 푸드 스타일리스트 박수지는 런던에서 지냈던 좋은 기억을 반영해 카페를 오픈했다. 자신이 유년 시절을 보낸 논현동 67번지의 '67'과 행복한 시간을 보낸 런던 '소호'에 대한 감정을 담아 '67 소호'라 이름 지은 것. 런던 소호 거리에 있는 유명한 카페 페르난데스 앤 웰즈에서 영감을 받아 내부에 따뜻한 햇살이 드는 창가를 만들고, 빈티지하면서도 컬러풀한 소품으로 경쾌하고 아기자기하게 꾸몄다. 마치 영국의 빈티지 숍처럼 말이다.

아기자기한 인테리어를 보는 재미도 있지만 67 소호는 맛있는 음식 덕분에 꾸준히 찾고 싶어진다. 가장 대표적인 메뉴는 에그 크레이프로 이제 이 사진만 봐도 67 소호가 떠오를 만큼 많은 이들이 찾는 시그너처 요리가 됐다. 박 대표가 런던에 있을 때 가장 좋아했던 아침식사의 기억을 살려 만든 것으로 달걀의 맛과 비주얼이 중요한 만큼 신선한 유정란만을 고집하며, 이 외에도 각 요리에 사용하는 재료는 최상품을 쓰고자 신경 쓰고 있단다. 그리스 홈메이드 방식 그대로 만든 그래놀라와 묵직한 크림에 오래 적셔두었다가 구운 프렌치토스트도 꿀맛이다. 추운 계절에 어울리는 클램 차우더도 있어 67 소호는 정말 사계절 내내 사랑할 수밖에 없다.

서울시 강남구
도산대로30길 21-3

없음

수~금요일, 일요일
11:00~19:00,
토요일 11:00~20:00
(월, 화요일 휴무)

에그 크레이프, 프렌치
토스트, 그래놀라 등

www.instagram.com/
chezsusie

주차 1대 가능

옛 사랑방 같은 아늑함,

온고지신
Ongozisin

📍 서울시 관악구
　 관악로14길 101 2층

📞 02-7777-6666

🕛 12:00~22:00

🍽 온고 아이스, 온고 빵,
　 블렌딩 티 등

👍 www.instagram.com/
　 ongozisin

🅿 없음

온고지신(溫故知新). '옛것을 익히고 새것을 안다'는 뜻에서 짐작할 수 있듯 카페는 전통을 바탕으로 현대적 분위기를 입고 있다. '젊은이들이 전통을 이야기하다'라는 콘셉트에 따라 위치부터 메뉴, 음악 등을 선정했는데, '샤로수길'로 핫한 서울대입구역 거리에 예스러운 건물과 분위기로 존재감을 드러낸다. 1960년대 지어진 2층 주택을 고목재를 활용해 전통 가옥 느낌으로 살린 공간은 옛날 사랑방처럼 아늑함과 따뜻함이 흘러 크지 않은 규모임에도 오랫동안 머물고 싶은 여유로움이 느껴진다.

메뉴 역시 온고지신의 뜻을 잇고 있다. 우려낸 콩물과 크림을 얼려 만든 '온고 아이스'와 옥수수, 흑임자, 쑥을 넣어 만든 '온고빵' 등 우리 전통 떡을 모티프로 만든 디저트는 온고지신에서만 맛볼 수 있는 메뉴로 친근하면서도 신선한 맛이 매력적이다. 전통 재료로 만든 블렌딩 티 '온고'와 허브 베이스의 블렌딩 티 '지신'도 이곳에서만 맛볼 수 있는 메뉴로 디저트와 차 모두 계속 새로운 메뉴를 선보일 예정이라니 계절마다 들러 색다른 온고지신을 느껴보는 것도 좋을 듯하다.

Incheon

인천

2

아기자기한 카페 천국, 인천

인천에는 아기자기하고 예쁜 카페와 맛있기로 소문
난 디저트, 브런치 카페가 많다. 특히 젊은 세대가
몰리는 부평에는 감각적인 카페가 군데군데 보석처
럼 박혀 있다. 주말에는 복잡한 서울 대신 보다 여
유로운 인천으로 카페 투어를 떠나보면 어떨까.

Suwon

수원

Gyeonggi

경기

달콤 쌉싸름한
향기를 찾아
———

내가 사랑한
그곳, 카페
———

고풍스러운 매력을 품은, 수원

유서 깊은 문화유산 화성 주변에 어여쁜 카페들이
생겨나고 있다. 일명 '행궁동 카페 거리'에 감각적인
카페가 모여 있어 하루에 여러 곳 투어하기에 제격이
다. 특히 카페 거리나 또는 카페 창문을 통해 고
즈넉한 수원 화성의 모습을 감상할 수 있을 뿐만 아
니라 해가 질 녘에는 아름다운 노을까지 볼 수 있어
수원으로 향할 가치가 충분하다.

도심과 가까운 힐링 명소, 경기

드라이브를 하며 모처럼의 여유를 즐기고 싶을 때는
도심을 벗어나 외곽 지역으로 향해보자. 남양주, 여
주, 춘천 등에는 지리적 특성상 고즈넉한 분위기와
푸르른 자연 풍경을 품은 카페가 많다. 도심에서는
느낄 수 없던 평화로움과 시원한 경치를 바라보며
커피 한 잔을 즐기다 보면 절로 힐링이 된다.

호텔에 온 듯한 고급스러운 서비스,

태이니 테이블
Teiny Table

 인천시 남동구
성말로32번길 31

📞 032-422-0526

🕐 12:00~23:00

☕ 밀크티, 바닐라 치즈 케이크,
카눌레 등

👍 www.instagram.com/teiny_
table/

Ⓟ 없음

호텔 같은 프라이빗한 분위기가 인상적인 테이니 테이블. 앤티크한 스타일의 가구와 소품 등으로 20~30년 전으로 거슬러 올라간 듯한 인테리어가 특징인데, 카페 주인은 부모님과 함께 가던 옛날 경양식 식당에서 영감을 받아 꾸몄다고 한다. 정갈한 하얀 테이블보가 깔린 자리마다 조명이 놓여 있어 은은한 빛이 흐르는 가운데, 마음에 드는 곳에 자리를 잡고 앉으니 레스토랑에서 볼 법한 테이블 번호가 쓰여진 주문서가 눈에 띈다. 준비된 필기구로 원하는 음료와 디저트를 체크해 카운터로 주문서를 가져다주자 몇 분 뒤 말끔하게 차려입은 직원이 주문한 음료와 디저트를 자리로 가져다준다. 계산한 카드와 영수증, 이곳의 명함이 동봉된 작은 봉투와 함께. 음료와 디저트를 맛보기 전인데도 남다른 서비스에 감동을 받았다. 카페라는 지극히 일상적인 공간에서 호텔처럼 특별한 대접을 받는 기분이 들었다.

음료와 디저트 역시 만족스럽다. 인기 음료인 밀크티는 과일에서 추출한 과당과 잎차를 12시간 이상 끓여 만들어 은은한 향과 달콤한 맛이 일품이다. 디저트로는 피스타치오, 카카오, 말차, 흑임자 등 다양한 맛의 카눌레와 티라미수, 바닐라 치즈 케이크, 무스 오 쇼콜라 등을 맛볼 수 있다.

자꾸 가고 싶게 만드는 맛있는 디저트,

카페 일드
Cafe Yield

카페 일드를 처음 방문한 날은 여름이었다. 카페에서는 오렌지 크럼블 파이가 인기를 끌고 있어 이 메뉴와 함께 시원한 자몽 에이드를 주문했는데, 기대에 부응하듯 한 치의 실망도 주지 않는 맛이었다. 오렌지 크럼블 파이를 한 입 베어문 순간, 크럼블의 바삭바삭하면서도 쫀득한 식감에 상큼하고 달달한 오렌지 맛이 왜 카페 일드가 꾸준히 인기를 끄는지 절감했다. 디저트 하나만 먹어봐도 다른 메뉴의 완성도까지 가늠할 수 있었다. 메뉴는 계절에 따라 다양해지는 편. 여름철에는 오렌지 크럼블 파이 위에 복숭아 토스트를, 가을철에는 진득한 무화과 크림치즈 케이크와 토스트 등을 선보인다.

여름날의 좋았던 기억으로 겨울철에 한 번 더 카페 일드를 찾았다. 마침 하우스 딸기가 한창 나오는 때라 딸기 치즈 케이크를 주문했고, 이번에도 깔끔하면서도 진하게 여운이 남는 맛으로 또 한 번 잔잔한 행복을 느꼈다. 하나같이 조각 작품 같은 어여쁜 비주얼에 훌륭한 맛까지 겸비한 디저트에 감탄하지 않을 수 없었다.

📍 인천시 남동구
문화서로3번길 18

📞 010-6414-2574

🕐 12:00~22:00
(영업시간&휴무 공식
인스타그램 계정 확인)

☕ 브라우니, 크럼블 파이,
치즈 케이크 등

👍 www.instagram.com/
cafeyield

🅿 없음

미국의 캐주얼한 카페에 온 듯한,

론트 로스터스 클럽
Lohnt Roasters Club

미국의 캐주얼한 재즈 바 분위기를 풍기는 론트 로스터스 클럽. 실제 카페 주인은 미국 대학가에 자리한 카페처럼 활기차면서도 누군가의 아지트처럼 아늑한 느낌을 주고자 했단다. 이를 위해 카페 곳곳에 플래그를 붙여 경쾌한 느낌을 더하고, 1층 천장을 돔 형태로 구성해 아늑하면서도 분위기 있는 공간을 완성했다.

디저트는 심플하게 네 가지 맛의 쿠키를 선보이며, 다양한 디저트보다는 커피 맛에 집중한다. 에스프레소, 블랙 커피, 우유가 들어간 화이트 커피가 있는데, 이곳을 찾는 사람들은 대부분 시그너처 메뉴인 '론트 커피'를 주문한다. 매장에서 직접 만든 베이스에 이곳만의 블렌딩 커피를 더한 것으로 오븐에 구워낸 견과류를 기반으로 시럽을 만들어 진한 풍미가 느껴진다. 블렌딩은 묵직한 보디와 고소한 견과류, 초콜릿 맛이 느껴지는 'L 블렌딩', 과일처럼 산뜻한 산미에 단맛이 느껴지는 'R 블렌딩' 중 선택할 수 있다. 입에서 사르르 녹는 달콤한 쿠키와 진한 커피 한 잔을 맛본 순간, 론트 로스터스 클럽을 아지트 삼고 싶은 생각이 든다.

📍 인천시 부평구
부평대로38번길 3
📞 032-512-0526
🕐 월~금요일
12:00~22:00,
주말 12:00~23:00
☕ 론트 커피, 플랫 화이트,
쿠키 등
👍 www.instagram.com/
lohnt.roasters
Ⓟ 없음

이름처럼 따뜻한 카페,

오늘여기우리
Ooo Coffee

최근 서울의 경리단길을 따라 전국 곳곳에 핫한 골목을 이르는 '~리단길'이라는 이름이 붙여지고 있다. 인천 부평역의 번화가를 이르는 '평리단길'도 그중 하나.

대학생이 많이 다니는 평리단길을 따라 오늘여기우리를 찾아 나섰다. 건물 2층에 위치해 있어 위를 잘 살펴야 했다. 1층에 있는 '오늘여기우리' 간판을 보고 위로 올라갔다. 색감이 무척이나 아늑한 나무 대문이 손님을 반겨주는데, 당장 떼어다 집에 놓고 싶을 만큼 멋스럽다. 문을 열고 들어서면 커튼 사이로 따사롭게 내리쬐는 햇빛과 창가에 쪼르르 놓여 있는 식물, 그리고 나무 가구와 오브제에 절로 '아 예쁘다'란 감탄이 새어 나왔다. 크지 않은 규모지만 이름처럼 따뜻하고 아늑한 공간이었다. 좌석이 여유롭지 않아 다른 사람을 위해 오래 머무를 순 없었지만 공간이 주는 편안함에 몇 시간이고 있고 싶어졌다. 선반에 놓인 세련된 북유럽 찻잔을 하나둘 구경하며, 주문한 바나나 크럼블 케이크를 한 입 머금었다. 상큼하게 퍼지는 바나나 향과 오도독 씹히는 크럼블 식감이 자꾸만 포크를 들게 만들었다. 디저트를 먹는 사이 다리를 간지럽히는 고양이의 애교에 절로 미소를 짓고 말았다.

인천시 부평구
부평대로36번길 12, 3층

032-362-0616

12:00~22:00
(수요일 휴무)

핸드 드립, 플랫 화이트,
5월23일, 케이크

www.instagram.com/
ooo_coffee

없음

소문난 브런치&디저트 맛집,

카페썸모어
Cafe Somemore

많은 사람들이 인천에서 브런치가 '제일' 맛있는 카페로 꼽는 카페썸모어. 평일에도 웨이팅이 있을 만큼 인기 있는 곳이라 방문하게 된다면 대기 시간을 어느 정도 예상해야 한다.

메뉴는 계절에 따라 조금씩 변화가 있는데, 메인으로 다섯 가지 브런치를 선보이고 있다. 사워크림에 아보카도, 달걀, 베이컨, 바질 페스토를 곁들인 메뉴와 생연어에 특제 소스를 듬뿍 얹은 호밀빵 등이다. 여름에는 연어 브런치 대신 두툼한 빵 위에 새우, 브리 치즈, 사과 소스를 곁들인 메뉴도 있다.

그 외에도 티라미수, 당근 케이크, 바나나 크림 파이, 베리 크럼블 등의 디저트 또한 계절에 따라 종류가 다양하고 맛의 균형과 조화도 아주 훌륭하다. 오랜 시간 카페썸모어가 사랑받는 이유를 알 수 있었다.

 인천시 남동구 인하로 521번길 21

📞 032-267-4714

🕐 수~토요일 11:00~21:00, 일요일 11:00~17:00
(월, 화요일 휴무)

☕ 연어 크림 치즈, 슈림프 브리 치즈, 당근 케이크,
바나나 크림 파이 등

👍 www.instagram.com/cafe.somemore

Ⓟ 없음

인천 바다를 벗 삼은 찻집,

차덕분
thanks to tea

가까운 인천에 시원한 바다 풍경을 볼 수 있는 카페가 생겼으면 좋겠다는 생각을 하던 무렵, 마음의 목마름을 말끔히 해갈시켜주는 찻집이 생겼다. 인천 영종도에 있는 차덕분이다.

차덕분으로 향하는 길이 가까워지자 멀리서부터 바다 내음이 풍겨온다. 구읍뱃터 부근에 위치해 있어 짭짤한 소금기가 느껴지고, 바닷바람이 몸을 시원스레 적신다. 카페에 들어섰을 때도 바다에 와 있는 기분이 그대로 이어진다. 큰 창으로 청명하고 시원한 바다 풍경이 고스란히 전해지는 까닭이다. 덕분에 낮부터 저물녘, 어스름한 밤까지 인천 바다의 다양한 표정을 벗 삼을 수 있다.

차는 10년부터 300년 이상 오래된 것까지 다양하게 즐길 수 있다. 꼭 오래된 차만이 좋은 것은 아니라고 생각한다는 가게 주인의 지론에 따라서다. 실제 얼마 되지 않은 찻잎도 그만의 생동감 있는 맛이 매력적으로 다가온다. 이와 함께 카페 주인이 이탤리언 레스토랑을 운영하며 쌓은 노하우를 바탕으로 개발한 판나코타와 다양한 디저트를 맛볼 수 있는 것이 특징이다. 판나코타는 팥과 크림 앙금을 넣어 은은하게 달콤한 맛이 차와 더없이 잘 어울리고, 모나카앙버터, 호두곶감말이, 피낭시에 등 깊은 내공이 느껴지는 디저트가 차와 환상적인 마리아주를 이룬다.

인천시 중구 은하수로 12,
뱃터프라자 8층

010-9026-5144

11:00~21:00

화차, 잎차, 판나코타,
호두곶감말이 등

www.instagram.com/
thanks_to_tea/

있음

건축미가 돋보이는 오션뷰 카페,

카페 건
Cafe Geon

인천시 중구
하늘달빛로2번길 8, 2층

010-3857-4252

10:00~21:00

마론 클라우드, 티라미수 라테,
파운드케이크, 크루아상 등

www.instagram.com/cafe_
geon

있음

인천 영종도 부근, 감각적인 공간과 맛있는 베이커리
로 인기를 모은 카페 율의 두 번째 공간 '카페 건'이 문을 열었다. 카
페 율을 몇 번 방문하며 만족스러웠기에 카페 건 역시 오픈하는 날
기대를 품고 찾아갔다. 영종도 씨사이드 파크 쪽에 위치한 카페 건
에 다다르자 멀리서 바닷바람이 불어오며 푸른 바다가 펼쳐진다. 풍
경에 감탄하며 카페로 들어서자 또 한번의 감동이 밀려온다. 아치형
의 구조적인 형태가 겹겹이 이루어져 하나의 건축 작품을 보는 듯하
다. 길고 널따란 대리석 테이블에 앉으면 넓은 창으로 영종도 바다
가 눈에 담겨 절로 힐링이 된다.
이토록 멋진 인테리어와 풍광은 물론 맛있는 베이커리까지 다양해
카페 건은 한번만 찾기엔 아쉽다. 매일 오전 매장에서 프랑스산 밀
가루와 버터를 사용해 구운 신선한 빵을 선보이고 있으며, 주기적으
로 메뉴를 개발해 새로운 빵을 소개하고 있다. 특히 인기를 끄는 베
이커리 메뉴는 크루아상과 마늘빵, 파운드케이크. 파운드케이크는
레몬, 프루츠, 무화과, 초코 맛 4가지로 즐길 수 있다. 여기에 달콤한
밤으로 만든 마론 클라우드, 치즈 향을 배가한 티라미수 라테까지
즐기면 더할 나위 없다.

이토록 세련된 빈티지 무드,

혜리별관
Hyeri Byeolgwan

인천 부평의 평리단길을 핫한 거리로 만든 일등 공신 중 하나인 혜리꽃케이크. 혜리별관은 혜리꽃케이크의 2호점으로 1호점 못지않게 인기를 끌고 있다. 혜리꽃케이크가 빈티지 무드가 꽉 찬 느낌이라면 혜리별관은 좀 더 절제되었다고 할 수 있다.

앤티크한 조명이 비추는 '혜리별관' 간판을 발견한 뒤에는 결코 그냥 지나칠 수 없는 멋스러운 외관에서 인증샷 몇 컷을 찍은 다음 카페 안으로 들어갔다. 가운데에는 여러 명이 앉을 수 있는 커다란 셰어 테이블에 감각적인 소품을 진열해 한결 세련돼 보이고, 군데군데 2명, 3명을 위한 좌석과 창가 자리까지 마련해놓았다. 인테리어와 소품 구경에 눈동자가 쉴 새 없이 움직이다가 비로소 주문한 디저트가 나오자 시선이 멈췄다. 주문한 메뉴는 혜리별관의 인기 메뉴인 찹쌀 브라우니. 쫀득한 식감에 견과류 가루와 계절 과일을 듬뿍 올려 다양한 풍미가 전해진다. 크림을 수북이 뿌린 아인슈페너와 함께 즐겨도 잘 어울린다.

인천시 부평구
부평대로38번길 19-1

010-8970-2821

13:00~21:30(월요일 휴무)

찹쌀 브라우니, 아인슈페너,
자몽 에이드 등

www.instagram.com/
hyeri307

없음

기억에 남을 수밖에 없는 맛,

카페 코사메
Cafe Kosame

탱글탱글 동그란 떡 위에 윤기 넘치게 흐르는 소스. 카페 코사메에서 맛볼 수 있는 코사메 당고. 유혹적인 모양새에 한 입 가득 넣으니 달콤하고도 짭짤한 소스 맛이 혀를 기분 좋게 적시며, 쫀득쫀득 씹는 맛이 일품인 떡의 식감이 곧바로 이어진다. 그야말로 최고의 '단짠단짠' 조합. 코사메 당고를 주문하면 함께 내어주는 졸인 토마토는 당고를 먹은 후 즐기면 상큼하고 깔끔한 맛으로 입맛을 정리해 고개를 끄덕이게 된다. 진한 말차 아이스크림을 가득 넣은 말차 크림 라테도 추천하고 싶다. 녹차 특유의 쌉쌀한 맛보다 달콤하고 시원한 말차 아이스크림과 부드러운 크림의 맛이 강해 녹차를 좋아하지 않는 이들도 부담 없이 즐길 수 있다.

일본 스타일의 카페는 흔해도 디저트만은 차별화된 맛을 보여주려고 노력한다는 카페 주인은 일식 레스토랑에서 일하며 배운 조리법과 노하우를 바탕으로 카페 코사메만의 디저트를 소개하고 있다. 또 다른 인기 메뉴인 단호박 타르트의 경우 오븐을 사용하지 않고, 보다 바삭한 식감을 살리기 위해 쿠키와 아몬드를 너무 잘지 않게 부숴 카페 코사메만의 방법으로 단호박 타르트를 완성한다. 어디서나 볼 수 있는 디저트지만 이곳에서만 경험할 수 있는 특별한 맛은 바로 이러한 비결에 있다.

🗺 인천시 남동구
인주대로522번길 23
📞 010-5939-0904
🕐 11:00~21:00(금요일 휴무)
🍽 코사메 당고, 단호박 타르트,
말차 크림 라테 등
👍 www.instagram.com/
cafe_kosame
Ⓟ 없음

이국적인 감성의 주택 카페,

빈야 커피
Binya Coffee

좁다란 행궁동 골목길을 걷다 보면 이국적인 풍모의 주택이 하나 눈에 들어온다. 평범한 주택가에서 홀로 색다른 매력을 발해 방콕의 어느 세련된 집 앞에 다다른 듯하다.

외관에서부터 충분히 짐작할 수 있지만 내부 공간도 멋스럽기 그지없다. 나뭇결이 살아 있는 마룻바닥과 곳곳에 놓인 담백한 디자인의 자기, 공간을 빛내주는 훌륭한 소품, 화장실로 향하는 문조차 감각적인 오브제로 멋스러운 분위기를 풍기는 곳. 그러면서도 통일된 분위기로 조화롭게 어우러지는 공간이다.

주택을 개조한 만큼 방도 여러 개 있는데, 각각 서로 다른 분위기를 풍기면서도 빈야 커피만의 개성을 이어간다. 마음에 드는 자리에 앉은 다음 주문을 해보자. 특히 따뜻한 봄이나 선선한 가을에는 테라스 자리에 앉아 커피를 마시면 더욱 행복하다. 마치 집안일을 끝내고 여유롭게 커피 한 잔을 하며 한숨 돌리는 기분이랄까. 빈야 커피는 그날그날 다른 '오늘의 케이크'를 판매하는데, 디저트도 꽤 인기가 있다. 오늘은 어떤 케이크를 맛볼 수 있을지, 제철 재료로 때에 따라 다양하게 선보이는 케이크를 기대하는 재미가 있다.

경기도 수원시 팔달구
화서문로45번길 6-5

070-8290-3353

수~금요일, 일요일
11:00~19:00,
토요일 12:00~21:00
(월, 화요일 휴무)

얼그레이 밀크티, 패션 망고
에이드, 홍차, 오늘의 케이크,
스콘

www.instagram.com/
tranche.quo

없음

화성을 품은 전망 좋은 곳,

정지영 커피 로스터즈
Jungjiyoung Coffee

행궁동 카페가 특별한 이유는 유서 깊은 화성을 벗 삼아 그곳만의 전통적인 분위기와 그림 같은 사계절 풍경이 어우러지기 때문이다. 행궁동 카페 중에서도 특히 사심을 담아 소개하는 정지영 커피 로스터즈는 지금처럼 행궁동 카페 거리가 활성화되기 전, 오래된 주택 특유의 분위기를 잘 살려 카페를 만들었다. 1층부터 2층 그리고 루프톱까지 이어지는 모든 공간에서 각각 저마다의 아름다운 풍경을 품고 있어 올 때마다 새롭다. 1층에는 커피 향이 진하게 풍기는 카페 분위기를, 2층에는 사계절을 그대로 담은 창이 사방으로 트여 있어 커피 한 모금 마시며 그날그날의 경치를 음미할 수 있다. 백미는 루프톱이다. 정지영 커피 로스터즈가 위치한 지역의 이점이 백분 발휘되는 곳. 푸른 하늘 아래 양탄자처럼 깔린 화성이 눈앞에서 파노라마처럼 펼쳐진다. 특히 맑은 날, 쾌청한 푸른 하늘 아래 이어지는 화성을 바라보노라면 수원이란 도시의 진가를 발견하게 된다.

정지영 커피 로스터즈의 커피는 모두 풍미가 깊어 플랫 화이트, 라테, 아메리카노 어떤 것을 마셔도 좋다. 특히 바삭바삭한 껍질 안으로 부드럽게 속살이 찢기는 크루아상도 꼭 맛볼 것. 베이킹이 완성되는 오후 1시 즈음 갓 만들었을 때 먹는 맛은 설명이 필요 없다. 커피에 베이커리까지 맛있고 분위기까지 완벽한 정지영 커피 로스터즈를 수원 최애 카페로 꼽을 수밖에 없는 이유다.

경기도 수원시 팔달구 정조로 905번길 13

070-7773-2017

12:00~22:00(월요일 휴무)

플랫 화이트, 코코넛 라테, 크루아상, 뱅오쇼콜라

www.instagram.com/jungjiyoungcoffee

없음

북유럽 가정집 같은 카페,

빌라마이레아
Villa Mairea

airea

　　플랑문으로 알려졌던 카페가 인테리어를 바꿔 색다른 모습으로 거듭났다. 예전에는 빈티지한 느낌이 강한 카페였던 반면, 새로운 옷으로 갈아입은 빌라마이레아는 북유럽의 가정집 같은 느낌이다. 아르텍과 알바 알토 등 북유럽 디자인 가구를 썼기 때문일까. 북유럽 가구 편집매장과 인테리어로 유명한 원오디너리맨션에서 공간 디자인을 담당한 것도 큰 몫을 한다.

파란 하늘 아래 비현실적으로 이어지는 화성 행궁 성곽 길을 따라 걸으면 베이지 톤의 외관으로 꾸민 건물이 눈에 띈다. 바로 빌라마이레아다. 아담한 공간을 문 하나로 나누어놨는데, 한쪽은 테라스로 꾸몄다. 야외 공간과 내부 공간 어느 자리에 앉아도 커피를 마시며 창밖을 바라보면 화성 행궁의 평화로운 풍경이 펼쳐진다. 낮에도 그림 같지만 노을이 질 즈음엔 마음이 몽글몽글해질 만큼 아름답다.

빌라마이레아의 시그너처 음료는 브라운 라테. 홍차를 베이스로 한 라테로 찐득한 크림이 어우러져 고소하면서도 홍차 특유의 향미가 나 매력적이다. 간단한 디저트로는 초코칩 쿠키가 준비돼 있다. 촉촉하게 씹히는 식감이 일품으로 작은 쿠키가 나올 거라 생각했다가 큼지막한 사이즈에 놀라게 될지도 모른다.

- 경기도 수원시
  팔달구 신풍로 73
- 010-5123-4283
- 12:00~21:00
  (수요일 휴무)
- 브라운 라테, 에이드,
  쿠키, 스콘 등
- www.instagram.com/
  villa_mairea
- 근처 장안동
  공영주차장 이용

북유럽 가구 장인의 작업실 같은,

패터슨 커피
Paterson Coffee

수원은 고즈넉한 화성의 분위기를 담은 아늑한 카페와 감각적인 인테리어로 무장한 카페 등 고유의 색깔을 지닌 카페가 점차 늘고 있는데, 패터슨 커피는 후자에 속한다. 행궁동에서 가장 감각적인 인테리어로 꼽히는 패터슨 커피와 빌라마이레아는 북유럽 빈티지 가구를 소개하는 리빙 편집매장 원오디너리맨션 대표의 손길을 거쳐 탄생했는데, 그래서인지 두 곳 모두 북유럽 감성이 물씬 난다. 패터슨 커피는 가구 장인이 작업을 하거나 한 템포 쉬어갈 때 머무는 듯한 분위기랄까.

지도에 주소를 입력하고 왔다가 카페가 안 보여 두리번거리지 말고 위를 한번 올려다보자. 건물 2층에 패터슨 커피가 있다. 가게 문을 열고 들어서니 넓은 공간이 시원스레 펼쳐졌다. 오른쪽에는 행궁동 거리를 내다볼 수 있는 창가가 쭉 이어져 있고, 왼쪽으로는 탁 트인 오픈 주방이, 끝에 다다르면 가구 거장의 작업실 같은 중후하면서도 세련된 공간이 눈에 들어왔다.

경기도 수원시
팔달구 화서문로 33, 2층

070-4257-0515

12:00~22:00

플랫 화이트, 캐러멜바
라테, 오렌지 에이드,
바나나 머핀

www.instagram.com/
patersoncoffee

없음

공간이 시크한 분위기라 어쩐지 메뉴도 커피에만 주력했을 듯한데, 주문한 메뉴가 나오자 귀여운 비주얼에 흐뭇한 미소가 지어졌다. 아이스크림과 캐러멜바를 넣은 라테, 바나나칩을 올린 머핀 등 앙증맞은 모양새에 먹기 전부터 기분이 좋아지고, 맛을 본 순간에는 행복한 탄성이 절로 나왔다.

수목원에 온 듯한 자연 속 카페

더포레
Thefore

구름 한 점 없는 맑은 하늘이 펼쳐지면 어디론가 떠나고 싶어진다. 간단한 먹을거리를 싸들고 피크닉이라도 갈 생각을 하다 번거로움이 발목을 잡을 때, 화성에 있는 더포레는 아주 훌륭한 대안이 되어준다. 카페에 들어서면 수목원에 온 듯 푸릇한 식물들이 이어지고, 나무에서 뿜어져 나오는 피톤치드에 머리도 맑아진다. 유럽식 농장을 모티프로 젊은 농부들이 꾸리는 더포레는 빵 공장과 내부 공간을 비롯해 라탄 파라솔이 쭉 늘어선 테라스, 피크닉 나온 기분을 만끽할 수 있는 우드 캐빈, 허브향이 은은하게 퍼지는 온실 식물원으로 이루어져 있다. 카페 한 곳에 왔는데 마치 이곳저곳을 여행하는 착각이 들 정도로 규모가 크고, 콘셉트도 뚜렷해 각각의 공간을 누리는 재미가 크다. 온실 식물원 앞에는 텃밭이 있는데, 실제로 이곳에서 유기농 채소를 재배해 신선하고 청정한 먹거리를 제공한다. 천연 발효종으로 구운 빵에 제철 과일로 만든 자몽 스퀴즈, 자두 주스, 홍시 주스를 곁들이면 과일 그대로의 건강함이 가득 느껴진다.

🏠 경기 화성시 향남읍 두렁바위길 49-13
📞 없음
🕐 10:00~21:00
🍴 자몽 스퀴즈, 자두 주스, 홍시 주스, 베리티 등
👍 www.instagram.com/ thefore_4
ⓟ 있음

건축미와 자연이 조화를 이루는 갤러리 카페

가드너스
Gardenus

📍 경기 파주시 탄현면
　헤이리마을길 59-52
📞 031-944-9997
🕐 10:00~22:00
☕ 청포도 에이드,
　자색 고구마 라테,
　초코 자바칩 프라페 등
👍 https://www.instagram.
　com/gardenus_/
Ⓟ 있음

건축물과 자연이 조화를 이루는 가장 이상적인 카페를 꼽는다면 파주에 있는 가드너스가 제일 먼저 떠오른다. 외국에서 볼 법한 구조의 건축물에 꾸린 가드너스는 총 3층 규모로 담백한 회색빛 외관과 주변의 푸르른 자연이 어우러지며 보는 것만으로도 더없는 휴식을 안겨준다. 'ㅁ'자 구조에 가운데는 외부 공간으로 만든 건축물이 독특한데, 야외 테라스 공간에서 파노라마로 펼쳐지는 자연 경관에 숨이 탁트인다. 특히 1층에서부터 3층까지 이어진 커다란 창으로 다가오는 사계절의 풍경은 이곳의 화룡점정이라 할 만큼 무척 근사하다.

간혹 카페에 갈 때 잘 와닿지 않는 메뉴들이 있어 당황하기도 하는데, 가드너스는 그런 불편함을 없애고자 한눈에 알기 쉬운 음료들로 구성했다. 대신 원재료의 맛과 향을 최대한 살리는 방법으로 특별함을 더하고 있다. 커피는 가드너스만의 블렌드 원두와 프린츠사의 원두를 사용한다. 다크한 풍미 또는 산미 있는 풍미를 지닌 커피를 맛볼 수 있다.

가드너스는 갤러리 공간도 겸한다. 아름다운 건축물에서 다양한 작가들의 작품을 감상하며 맛있는 커피와 디저트를 즐기는 멋진 어느 날을 보낼 수 있다.

절제의 미를 보여주는 공간

디플랫
Dflat

D FLAT

덜어내고 절제하는 것이야말로 가장 아름답다는 걸 보여주는 공간. 연한 회색빛을 띠는 담백한 외관부터 차분한 베이지톤의 커피 바, 자로 잰 듯 반듯하고 간결한 가구 등 모든 것이 더없이 심플하게 조화를 이루고 있다. 미니멀리즘과 여백의 미가 더욱 각광받는 요즘 시대에 많은 이의 취향을 저격하는 곳이 아닐 수 없다.

깔끔한 내부 공간도 매력이지만 디플랫의 또 다른 백미는 야외 공간이다. 정갈하고 깨끗하게 정돈된 공간에 조경으로 도심 속 휴식처를 자처한다. 나무마저 절제의 미를 아는 듯 듬성듬성 잎이 맺힌 자작나무의 모습 또한 매력적이다.

간결한 인테리어처럼 메뉴도 몇 가지에만 주력한다. 단순하면서 충만한 맛을 선사하기 위함이다. 이곳만의 독특하고 특별한 메뉴는 없지만 커피 한 잔에 만족할 만큼 맛과 향이 좋다. 매주 유명 로스터리 카페의 원두로 드립 커피를 선보이고 있으며, 라테, 콜드브루, 플랫화이트 같은 커피 메뉴 외에 차와 에이드, 간단한 파이도 즐길 수 있다. 맛있는 커피 한 잔과 창문을 통해 푸릇푸릇한 나무의 자태를 보면 마음이 절로 편안해진다.

📍 경기 파주시 회동길 446
📞 070-4155-0303
🕐 12:30~19:00(매주 화요일, 매월 15일 휴무)
☕ 드립 커피, 스트로베리 라떼, 디파이 등
👍 https://www.instagram.com/dflat_cafe/
Ⓟ 없음

시원한 풍경과 맛있는 빵이 가득한,

필무드
Fillmood

아직은 거리에 초록빛이 가득한 가을의 초입, 햇살이 따스한 어느 주말, 집에만 있기에는 아쉬워 근교 카페로 드라이브 겸 나섰다. 경기도 파주 광탄면의 굽이진 길을 따라 한참 달리자 커다란 갤러리 같은 건물이 눈에 들어온다. 건물의 모든 창을 통유리로 설계해 햇빛을 받아 눈부시게 빛나고 있었다.

안으로 들어서자 여유롭게 조성된 공간에 테이블마다 소파가 배치된 점이 눈길을 끈다. 오랫동안 앉아 있어도 더없이 편할 듯하다. 1층 매장 가운데는 먹음직스러운 다양한 빵이 진열돼 있고, 2층으로 올라가자 큰 창으로 시원한 산이 그림처럼 펼쳐지며 마음을 정화시킨다. 2층 어디에 앉아도 큰 창을 통해 탁 트인 풍경을 바라보며 커피와 빵을 즐길 수 있고, 조금 더 조용하게 즐기고 싶다면 작은 방처럼 조성된 공간에 머물면 된다.

필무드는 매일 아침 제빵사가 구워낸 다양한 종류의 빵을 선보인다. 캄파뉴, 타르트를 비롯해 필무드만의 소스를 더한 빵 등 20여 가지 빵을 맛볼 수 있다. 특히 모든 빵은 유기농 밀가루를 사용해 건강하게 만드는 것이 특징이다.

경기도 파주시
광탄면 기산로 129

010-9449-9645

평일 11:00~21:00
토요일 11:00~22:00
일요일 10:30~21:00

미숫페너, 생과일 주스,
요거트 스무디 등

www.instagram.com/
fillmoodcafe/

있음

자연을 품은 베이커리 카페,

하우스 베이커리
Haus Bakery

주말이나 혹은 모처럼 시간 여유가 되면 서울 근교로 나들이를 떠나면서 여유롭게 시간을 보내고 싶어진다. 그럴 때는 수려한 자연경관을 품은 남양주, 양평, 가평 등이 떠오르는데, 양평에 위치한 하우스 베이커리는 드넓은 대지에 들어선 신식 한옥 건물과 주변으로는 시원한 산세가 펼쳐져 한가로운 한때를 보내기에 좋다.

게다가 베이커리 카페로 커피와 함께 즐길 수 있는 빵 종류도 다양하지 않은가. 프랑스와 영국식 제빵을 결합해 만든 빵은 캐나다와 호주, 프랑스산 유기농 밀가루와 무염 버터를 사용해 매장에서 매일 직접 구워 더욱 신선한 맛을 자랑한다.

카페는 3채의 한옥으로 구성돼 있다. 첫 번째 건물은 다양한 빵이 진열돼 있으며, 이곳에서 빵을 골라 음료와 함께 주문하면 된다. 두 번째 건물은 좌식과 테이블석이 마련돼 있고, 세 번째 건물은 고즈넉한 좌식 공간으로 노키즈 존으로 운영된다. 특히 드넓은 푸른 잔디가 깔린 야외에 테라스석도 있어 여유롭게 머물다 가기에 좋다.

경기도 양평군 서종면 문호리 338-1

031-772-8333

월~금요일 10:30~20:00, 주말 09:30~21:00, 공휴일 09:30~21:00

크루아상 샌드위치, 팡도르, 브리오슈, 청포도 주스, 자몽 에이드 등

www.instagram.com/ haus_bakery_moonhori

있음

차경과 조경의 조화,

카페 숨
Cafe Soom

　　가을의 끝을 향해 가는 어느 날, 거리 곳곳을 빨갛게 물들인 가을의 색채를 온전히 느끼고 싶어 경치를 감상하기 좋은 카페로 발길을 돌렸다. 굽이굽이 길을 달리다 보니 노랗게 빨갛게 익은 나뭇잎이 곳곳에서 고개를 든다. 비로소 가을을 체감하며 감성에 빠지던 찰나 카페 숨에 다다랐다.

예상대로 카페는 넓은 규모로 조성돼 있으며, 숲속의 별장 같은 분위기가 난다. 금요일과 주말, 공휴일만 운영하는 곳이어서인지 모두 이곳을 찾기 위해 휴일을 기다린 듯 주차장은 차들로 붐볐고, 카페에 들어섰을 때도 많은 이가 자리를 잡고 시간을 보내고 있었다.

카페 숨이라는 이름처럼 이곳은 숨이 확 트인다. 카페 안팎으로 자연을 고스란히 품고 있는데, 창을 통해 산세를 그대로 끌어들인 차경을 훌륭히 적용한 것은 물론 내부는 나무, 흙, 돌 등으로 조경해 안에서도 자연 안에 머무는 듯한 기분이 든다. 그야말로 차경과 조경의 더할 나위 없는 조화다. 테이블 자리에 앉으니 드높은 산세의 농익은 가을 색채가 눈에 담겨왔다. 사계절 내내 그림 같은 풍경을 넋 놓고 바라보며 한숨 쉬고 싶을 때마다 찾고 싶어진다.

경기도 포천시
소흘읍 고모리 735
031-542-1449
금요일 12:00~20:00
주말&공휴일 10:00~21:30
생과일 주스, 과일 에이드,
파니니, 빙수 등
www.instagram.com/
cafe_soom/
있음

진정성 있는 공간과 메뉴,

카페 진정성
Cafe Jinjungsung

상대적으로 감성 카페가 적은 경기도 김포지만 진정성 카페 하나만으로도 웬만한 카페 열 곳이 부럽지 않다. 그만큼 카페 진정성 본점은 맛과 분위기, 공간 규모 등 모든 점에서 큰 만족감을 주는 곳이다. 화려하지 않지만 담백하고, 단조로워서 더 편안하게 다가오는 공간. 실제 사람이 돋보이도록 공간의 소재, 구조 등을 단조롭게 만들었다는 카페에 있는 안내문이 공감을 자아내며 진정성을 더 오래 찾고 싶다는 생각이 들게 한다.

카페 진정성은 이름 그대로 '진정성'에 모든 중심을 둔다. 꾸밈없는 인테리어는 물론 신선한 재료로 만든 메뉴를 합리적인 가격에 선보이는 것이다. 특히 진정성은 밀크티로 유명한데, 오랜 시간 재료를 우려내 본연의 맛을 느낄 수 있도록 숙성 발효시킨다. 가공된 파우더를 사용하지 않고 친환경 목초 우유를 넣으며, 스리랑카 고지대 다원에 가서 직접 맛보고 가져온 품질 좋은 실론티와 비정제 사탕수수 원당을 넣어 오랜 시간 낮은 온도에서 천천히 홍차의 맛을 우려낸다. 인기 디저트인 티라미수는 냉장 숙성해 만든 수제 바닐라빈 시럽, 품질 좋은 럼 등을 넣고 한 달 이상 숙성한 칼루아를 베이스로 사용해 기존 티라미수와 다른 깊은 맛을 보여준다.

경기도 김포시
하성면 하성로 660

031-986-5520

11:30~20:30

오리지널 골드 밀크티, 얼그레이 블렌딩 밀크티, 제주 유기농 녹차 밀크티, 티라미수 등

www.instagram.com/cafe_jinjungsung/

있음

따뜻한 공간, 특별한 메뉴

오시에
Osier

　　지금은 폐역이 된 송추역 부근, 다소 후미진 골목과 상반되는 아기자기한 오시에. 어딘가 울퉁불퉁한 메인 바나 빈티지한 고재 가구들이 자연스러운 멋을 내고, 곳곳에 놓인 작은 소품들까지 조화롭다. 어느 것 하나 불협화음이 없어 신경 쓴 흔적이 역력하다. '레몬 머틀티', '더티 라떼', '쿠콘' 등 다른 곳에서는 맛볼 수 없는 신선하고 독특한 메뉴들은 가게 주인이 좋아하는 맛을 녹여 개발했다. 레몬 머틀티를 마시면 눈이 동그래질 만큼 상큼하고 개운한 맛에 퐁당 빠지게 되고, 더티 라테는 에스프레소를 단시간에 추출판 커피 리스트레토를 넣은 것으로 진한 커피향과 달콤하게 어우러지는 맛이 일품이다. 스페인 요리의 타파스 중 하나인 판콘토마테는 실제 스페인 사람이 와서 '고향의 맛'이라 극찬했을 정도니 더욱 놓칠 수 없다. 스콘에 쿠키의 바삭함을 더해 개발한 쿠콘은 그야말로 오시에의 '띵작'. 오시에에 대한 상찬은 이쯤 하고, 모두 오시에로 오시에!

  경기 양주시 장흥면 호국로597번길 8-21

  0507-1359-4188

  12:00~17:00(수~금), 12:00~19:00(토~일), (월, 화요일 휴무)

  레몬 머틀티, 더티 라떼, 쿠콘 등

  https://www.instagram.com/__osier__/

  없음

자연이 숨 쉬는 공간

오랑주리
Orangerie

경기도 양주시
백석읍 기산로 423-19

070-7755-0615

11:00~21:00

생과일 주스, 스무디, 차 등

없음

있음

거리의 나무들과 풍경이 잠시 생기를 잃고 말라가는 겨울, 푸릇한 식물의 싱그러움과 따뜻함이 그립다면 경기도 양주에 있는 오랑주리로 향해보자. 전국 곳곳에 있는 식물원 카페 중에서도 오랑주리는 특히 빼놓을 수 없는데 인공으로 식물원을 조성한 것이 아니라 계곡 안에 카페를 만들어 자연 그대로를 느낄 수 있다.

하늘과 주변 경치를 그대로 비추며 마치 한 폭의 수채화 같은 풍광을 자랑하는 경기도 파주의 마장호수. 풍광에 감탄하며 호숫가를 따라 차를 달리자 호수 앞에 자리한 카페 오랑주리가 눈에 들어온다. 방대한 주차장 규모에 놀라며 카페 안으로 들어서는데, 거대한 숲을 마주한 듯한 착각이 들 만큼 압도적인 규모와 풍광에 또 한 번 감탄을 자아내게 된다. 푸릇푸릇한 식물이 암석 사이로 무성하게 서 있고, 식물이 내뿜는 상쾌한 공기와 온기에 단숨에 몸과 마음의 추위가 녹아든다. 카페 어느 자리에서도 싱그러운 식물을 눈에 담을 수 있고, 잔잔한 호수의 풍광을 즐길 수 있는 자리도 있다. 언제 찾아와도 웅장한 식물 속에서 사계절 내내 완연한 봄을 누릴 수 있다.

경기도에서 느끼는 제주 감성,

카페 소고
Cafe Sogo

　　제주도 여행을 하고 싶지만 여러 가지로 여건이 여의치 않을 때, 가까운 경기도에서 비슷한 분위기를 만끽할 수 있다. 어쩌면 제주보다 더 제주 같은 분위기를 지니고 있는 곳. 바로 경기도 남양주에 위치한 카페 소고다. 남양주는 팔당호와 수려한 산세로 사계절 내내 운치 있는 자연경관을 자랑하는데, 이러한 경치에 취해 주변을 드라이브하다가 돌아오는 길에 카페 소고에 닿을 수 있다. 제주도처럼 공터에 카페만 자리해 있어 한갓진 느낌이다. 카페는 두 곳으로 조금 떨어져 있는데, 작은 공간에서 주문을 하고, 큰 공간은 앉아서 커피를 마실 수 있는 곳이다. 큰 공간에 먼저 갔다가 따로 주문을 하는 곳이 없어 당황하지 않길. 곳곳에 놓인 감귤 식물과 누군가의 집에서 썼던 오래된 문짝, 빈티지한 커튼과 군데군데 낡은 감성이 제주도 분위기를 풍긴다. 제주 카페에서 흔히 볼 수 있는 커다란 창도 나 있어 계절에 따라 변화하는 자연을 감상할 수 있다.

인기 메뉴는 앙버터 토스트와 소고 라테. 앙버터 토스트는 노릇하게 구운 두툼한 식빵 위에 단팥과 버터를 푸짐하게 토핑했다. 소고 라테는 플랫 화이트 위에 생크림과 시나몬 가루를 뿌린 이곳만의 음료. 메뉴를 주문하면 나무 바구니에 가져다주는데 덕분에 피크닉을 즐기는 듯한 기분도 난다.

경기도 남양주시 경춘로691번길 41
031-591-6912
12:00~22:00
(월요일 휴무)
앙버터 토스트, 소고 라테, 미숫 가루, 아이스 초코, 스콘 등
https://www.instagram.com/cafesogo_nyj/
있음

평택에서 찾은 유럽 감성 카페,

미드바르앳홈
Midbar at Home

경기도 평택은 지리적으로 가깝지 않고 다소 생소한 느낌이 드는 지역인데, 미드바르앳홈이라는 카페를 찾아가는 즐거움이 있다. 체코의 어느 마을처럼 적갈색 지붕이 인상적이며, 건물 또한 유럽의 가정집처럼 이국적이다. 미드바르앳홈 앞에 도착한 순간 '이곳이 정말 평택인가' 하는 착각이 들 정도니까. 카페 안으로 들어서자 갖가지 리빙 소품과 의류, 신발 등도 보였다. 알고 보니 편집 매장&카페로 운영되고 있는 곳이었다. 미드바르앳홈의 세련된 분위기를 닮은 깔끔하면서도 스타일리시한 옷과 커피잔, 세탁 세제 등 리빙 소품까지 판매하고 있다. 서울에서 좀 먼 곳이라 주말에도 한적하게 여유를 누릴 수 있고, 정원이 내다보이는 창가 자리에 앉아 시간을 보내노라니 여유롭고 행복하기 그지없었다. 게다가 공간만 예쁜 게 아니라 디저트 비주얼도 감각적이고 맛있다. 당근 머핀, 바나나 머핀, 스콘 등이 유명한데 특히 머핀 종류가 인기다. 머핀 위에 듬뿍 올린 크림과 바나나칩의 모양새가 무척이나 앙증맞다.

경기도 평택시 장안길 80-2
031-664-5318
11:00~22:00(일요일 휴무)
바나나 머핀, 당근 머핀,
미드바르 블렌드 커피,
크림 라테 등
www.instagram.com/
midbar.at.home
있음

뮤지엄 같은 카페,

카페 우즈
Cafe Woods

카페 다니는 것을 워낙 좋아했던 카페 우즈의 주인은 국내외 카페를 돌아보면서 자연스레 건축물, 인테리어, 소품을 보며 안목을 쌓았고, 자신만의 공간에 대한 그림을 그렸다. 넘치도록 카페가 많은 국내에서 다른 곳과 차별화된 카페를 꿈꾼 것이다. 이를 위해 경쟁이 치열한 서울 대신 부모님이 계시는 여주로 눈을 돌려 보다 여유롭게 커피를 즐기며 시간을 보낼 수 있는 공간을 꾸렸다. 모두가 경험하고 싶은 특별한 분위기를 지니면서도 여유롭고 편안한 공간에 많은 이들이 좋아할 만한 대중적인 메뉴까지 갖췄다. 또 보다 다양한 맛의 커피를 즐길 수 있도록 라테와 아메리카노용 원두를 다르게 사용하고, 손수 과일청을 담거나 직접 디저트를 만드는 등 시판 제품보다는 카페 우즈에서만 맛볼 수 있는 메뉴에도 특히 신경 쓰고 있다. 공간만으로도 이미 독보적인데, 커피와 디저트 맛까지 좋으니 일부러 시간을 내서 가볼 이유가 충분하다. 저녁 무렵에는 덤으로 로맨틱한 보랏빛 노을까지 감상할 수 있다.

경기도 여주시 점봉길 66
(점봉동 198-4)

02-0326-0326

12:00~21:00
(월, 화요일 휴무)

플랫 화이트, 패션프루트
에이드, 피낭시에, 파운드
케이크 등

www.instagram.com/
cafe.woods

있음

분당 속 교토,

브림 커피
Brim Coffee

경기도 성남시 분당구
금곡로11번길 2

070-7798-1251

11:00~20:00(월요일, 매달
마지막 주 화요일 휴무)

브림 커피(블랙), 브림 커피
(화이트), 오레그랏세, 맛차
라테, 호지 라테 등

www.instagram.com/brim_
coffee

협소

모자를 좋아하는 남편과 사진을 좋아하는 아내가 꾸려 가는 공간. 카페 이름도 모자의 챙 부분을 뜻하는 '브림(Brim)'이라는 단어에서 따왔으며, 공간의 독특한 구조 또한 모자의 챙 모양에서 영감을 얻어 구현했다.

덕분에 브림 커피는 평범한 상가와 주택가 사이에서 단연 홀로 빛을 발한다. 카페 안으로 들어서면 통유리로 된 공간에 사진실이 있고, 그 주변으로 손님들이 앉아 도란도란 이야기를 나누며 커피를 즐긴다. 한쪽에는 먹음직스러운 빵이 가지런히 진열돼 있으며, 그 앞으로는 일본 교토의 카페 같은 풍경이 펼쳐진다. 따뜻한 원목 창가 너머로 푸르른 나무들이 초록빛 수채화를 만들고, 그 앞에서 모자를 좋아하는 남편이 커피를 내리는 모습이 교토의 경치와 닮았다. 일본식 카페가 많아도 대부분 디저트나 음식이 주인공이었다면 브림 커피는 공간이 만드는 분위기와 온도가 생생한 일본처럼 느껴진다.

브림 커피에서는 커피와 티 종류를 마시길 추천한다. 콜드 브루를 베이스로 한 블랙커피와 콜드 브루에 우유를 넣은 라테를 비롯해 에스프레소 마키아토, 아메리카노, 플랫 화이트, 오레그랏세 등이 있다. 오레그랏세는 우유와 에스프레소의 층을 나눠 섞지 않고 즐기는 것. 시즈오카 맛차 라테와 시즈오카 호지 라테도 인기를 끄는 메뉴로 진한 말차와 호지차의 향이 느껴진다.

Sejong

세종

Cheonan

천안

조용하고 여유로운 카페가 많은 세종시

대전과 근접한 세종시에 감성적인 카페가 속속 생기는 중. 넓은 부지를 토대로 조용하고 여유로운 카페가 많은 것이 특징이다.

세련되고 이국적인 카페의 천국, 천안

서울에서 KTX로 30~40분, 차로는 2시간 정도면 닿을 수 있어 부담 없이 카페 투어를 하기 좋은 지역 중 하나. 특히 세련된 인테리어의 카페부터 이국적인 분위기 또는 고즈넉한 콘셉트 등 최근 개성 있는 카페가 많이 생겨 저마다 색다른 묘미를 느낄 수 있다. 공간 규모도 여유로운 곳이 많아 머무는 내내 편안하다.

Cheongju
청주

Daejeon
대전

포근한 커피향과 달콤한
디저트를 만나는 곳

내가 사랑한
그곳, 카페

알짜배기 카페가 곳곳에, 청주

청주 하면 다소 생소하게 느껴질지도 모르지만 서울만큼이나 세련되고 개성 있는 카페가 많다는 사실. 특히 주말에도 서울처럼 사람들로 붐비지 않아 보다 여유롭게 시간을 보낼 수 있다. 서울의 핫한 동네를 집약해놓은 듯한 알짜배기 카페들이 있으니 꼭 한 번 들러볼 것.

편안하고 아늑한 카페가 많은, 대전

KTX로 서울에서 1시간이면 도착해 뚜벅이들도 쉽게 갈 수 있는 곳. 드넓게 펼쳐진 정원에 마련된 한옥 카페부터 오래된 관사촌을 개조해 고풍스러우면서 독특한 카페까지. 특별히 여기서 소개하는 카페 하치, 카페 브루는 한 번에 투어하기 편리하다.

ARC Coffee
ARC Coffee

카페 투어를 하면서 생전 처음 가보는 동네가 많다. 덕분에 그동안 가보지 않은 지역이나 동네를 구경하는 재미도 쏠쏠한데, 세종시는 오직 아크 커피를 방문하기 위해 처음 찾은 지역이었다. 서울에서 2~3시간 정도 차를 타고 도착한 아크 커피는 드넓은 부지에 마련된 고급 전원주택 같은 분위기를 풍겼다. 나무로 된 벽과 커다란 종이 조명, 곡선미가 돋보이는 원목 바 등 외국 인테리어 잡지에서 본 듯한 근사한 공간이 시선을 압도한다. 창 밖으로는 산세의 수려한 풍경이 펼쳐지며, 전경을 최대한 살린 인테리어로 어느 위치에서든 계절에 따라 변하는 아름다운 경치를 고스란히 느낄 수 있다. 근사한 분위기와 멋진 풍경이 커피를 더욱 맛있게 한 것도 있지만 국내에서 쉽게 접할 수 없는 포틀랜드산 원두를 써 보다 깊은 풍미의 커피를 즐길 수 있다. 디저트는 기본에 충실한 치즈 케이크, 파운드케이크, 컵케이크 등을 선보이는 중. 아크 커피의 매력을 느끼기 위해 세종시로 가야 할 때다.

📍 세종시 월현윗길 38-15
📞 044-862-3815
🕐 화~목 11:30~21:00,
금~일 11:30~22:00
(매주 월요일, 셋째 주 화요일 휴무)
☕ 아메리카노, 차이티 라테,
치즈 케이크 등
👍 www.instagram.com/arccoffee_
🅿 있음

빈티지 가구 컬렉션이 눈길을 끄는,

블렌데렌
Vleanderen

소장하기 쉽지 않은 가구를 카페에서 잠시나마 경험할 수 있는 건 참 기쁘고 설레는 일이다. 블렌데렌은 지인의 집에 놀러간 듯한 아늑한 분위기를 풍기는 한편, 가구 쇼룸을 방불케 하는 컬렉션으로 감탄을 자아낸다. 그동안 눈으로, 마음으로만 소장했던 가구와 소품을 잠시나마 경험할 수 있다는 사실에 흥분하며, 카페 주인이 5년 가까이 애정 가득 담아 수집한 소장품을 찬찬히 둘러본다. 주인 부부가 원목 가구를 워낙 좋아해 1960년대 데니시 원목 가구를 중심으로 모은 것들이다. 그들의 취향을 한껏 담아 꾸민 공간은 미국 빈티지 가구와 소품, 싱그러운 식물이 조화를 이루며 주인 부부의 따뜻한 미소처럼 편안하고 아늑한 분위기를 그려내고 있다. 무엇보다 카페로만 기능하지 않고 플리마켓, 영화 상영, 작품 전시, 빈티지 마켓 등을 열며 작은 문화 공간의 역할도 겸하고 있다.

가구, 소품 모두 오리지널인 것처럼 디저트 역시 정통 방식으로 만든 기본적인 메뉴를 선보이고 있다. 이곳의 가치 있는 가구가 그러하듯 유행 따라 변하지 않는 레시피를 고집한다. 오븐을 사용하지 않고 만든 치즈 케이크와 티라미수, 브라우니 등이 그것이다.

충남 천안시
동남구 먹거리8길 5
02-522-2434
12:00~22:00
에소 크레마, 로얄 밀크티,
치즈 케이크, 티라미수 등
www.instagram.com/
vleanderen
없음

천 안 속 작 은 교 토,

교토리
Kyotori

카페 교토리를 찾아가기 위해 자동차 내비게이션에 주소를 찍었다. 목적지에 도착할 무렵에도 주변에는 별다른 건물이나 인적 없이 낯선 풍경만 등장할 뿐이다. 그렇게 몇 분을 더 달리자 시야에 일본풍 건물 교토리가 눈에 들어온다. 한적한 시골길을 걷다 갑자기 일본 교토에 도착한 듯한 착각이 들 만큼 교토리는 웅장한 모습으로 시선을 압도한다. 내부에 들어서면 일본 특유의 정갈한 목재 인테리어에, 좌식 공간으로 배치해 료칸에 머무는 듯한 느낌도 난다. 무엇보다 하이라이트는 창을 통해 내다보이는 수목이 무성한 주변 풍경이다. 특히 1층에 앉아서 청명한 풍경을 즐기노라면 정말 교토의 맑은 숲속에서 휴식을 취하는 기분이 난다.

작은 교토 같은 이 카페에서 다양한 음료와 베이커리를 즐길 수 있다. 기본적인 아메리카노를 비롯해 카페 라테, 카푸치노, 플랫 화이트와 시그너처 메뉴인 아몬드 크림 라테, 크림 라테가 준비돼 있다. 베이커리는 그날그날 색다른 종류를 선보여 사람들의 입맛을 다채롭게 만족시킨다.

충남 천안시
동남구 북면 위례성로 782

010-4779-8864

11:00~22:00

아몬드 크림 라테, 크림 라테,
말차 라테, 모시쑥 라테 등

www.instagram.com/
kyotori_

있음

한국의 전통적 요소를 세련되게 해석한,

눈들재
Noondlejae

일본풍 카페 교토리로 큰 인기를 끈 주식회사 구공이
이번에는 한국적 미가 묻어나는 눈들재를 선보이며 또 한번 주목을
끌고 있다.

눈들재는 카페가 위치한 일봉산 남쪽 산 아랫마을의 옛 이름 '눈들'
과 집 '재'를 더해 '눈들재'라 지었다고 한다. 원래 횟집으로 쓰였던
150여 평의 공간을 한국 전통적 요소로 인테리
어하되 현대적인 미를 가미하여 좌식 공간, 소
반, 도자, 전통 문양 등을 세련되게 재해석해 절
제된 멋이 어우러진 공간으로 완성시켰다. 디저
트 역시 꿀떡, 절편, 호박 인절미, 쑥찰떡 등으로
공간의 전체적인 분위기를 '한국의 미'라는 테두
리 안에서 유기적으로 이어가고 있다.

카페 외부에는 대청마루에 소반을 놓은 좌식 공
간이 있어 날씨 좋은 날 달콤한 전통 디저트와
함께 선선한 바람을 맞으며 여유로운 한때를 보
내기에 좋다.

 충남 천안시
동남구 용곡2길 43-20

010-3248-1314

10:00~23:00

구운 고구마 라테, 라라 냉차,
호박 인절미, 꿀떡 등

www.instagram.com/
noondlejae_official

ⓟ 있음

오래된 주택이 가진 매력,

그레이맨션
Gray Mansion

오래된 것이 주는 매력이 있다. 조금씩 갈라진 벽과 빛바랜 낡은 물건, 시간의 더께가 묻어 짙어진 색감이 멋스러운 나무 가구, 오래된 주택을 개조한 카페에서 느낄 수 있는 감성과 멋이다. 청주에 있는 그레이맨션은 여러 주택 카페 중에서도 세월의 더께가 고스란히 느껴지는 곳. 문을 열고 안으로 들어서는 순간 옛날 영화를 보는 듯하다. 레버로 조작하는 낡은 TV, 다이얼 전화기 등 좀 전까지도 누가 살았을 것만 같은 실감 나는 옛 모습이 곳곳에 남아 있다.

주택을 개조한 곳이라 역시 카페에는 방이 많았다. 입구에서부터 만나는 거실부터 주방, 작은방, 큰방 등 곳곳을 둘러보다가 마음에 드는 곳에 자리를 잡고 앉았다. 집으로 친구를 초대해 다과를 즐기는 기분을 만끽하며 반반 토스트와 상큼한 체리 레몬 에이드를 주문했다. 잔에 담긴 에이드의 영롱한 빛깔과 맛에 마음을 빼앗기고 블루베리와 망고를 곁들인 반반 토스트를 즐기며 달달하고도 상큼한 풍미에 젖어들었다. 마치 내 집에서 즐기는 듯한 편안함과 여유로움. 청주에 간다면 그레이맨션의 문을 또 두드릴 듯싶다.

📍 충북 청주시 흥덕구 1순환로548번길 18
📞 010-9027-2414
🕐 월요일 12:00~19:00, 수~일요일 12:00~22:00, (화요일 휴무)
☕ 반반 토스트, 바질 페스토 토스트, 초코송이 토스트, 체리 레몬 에이드, 사과 에이드 등
👍 없음
Ⓟ 없음

커 피 맛 과 분 위 기 를 다 가 진,

컴포트 커피
Comfort Coffee

청주에서 커피 맛이 좋은 곳을 찾는다면 컴포트 커피를 추천한다. 컴포트 커피는 호주 멜버른의 스페셜티 커피 브랜드인 듁스 커피를 사용하는 곳으로 듁스 커피는 재배 과정부터 테이스팅까지 엄격한 기준을 거쳐 뛰어난 품질과 맛을 지닌 커피를 선정한 다음 신선하게 로스팅해 원두가 지닌 고유의 향미가 특징이다. 한 잔 한 잔 정성스레 커피를 내려주는 주인의 손길에서 보장된 커피 맛을 감지할 수 있다. 커피 메뉴는 에스프레소, 아메리카노, 플랫 화이트, 라테, 바닐라 라테, 필터 커피, 아포가토이며 음료는 홍차 베이스에 직접 만든 시럽과 계절 과일을 넣어 만든 페트라, 레몬 에이드, 초콜릿 드링크가 있다. 디저트로 곁들이기 좋은 애플 크럼블도 있는데, 계절에 따라 능금이나 아오리 사과를 사용해 만든다. 바삭바삭한 크럼블에 상큼한 사과 맛이 더해져 커피 한 모금 마시고 디저트 한 입 즐기면 찰떡궁합이다.

화이트 톤과 나무가 어우러져 깔끔하고 아늑한 멋이 묻어나며, 군더더기 없는 가구, 소품 구성과 차분한 나무 인테리어 덕분에 마음마저 여유로워진다.

 충북 청주시 흥덕구
직지대로753번길 36

📞 010-2927-0295

🕐 12:00~22:00(목요일, 매달
마지막 주 수요일 휴무)

☕ 아메리카노, 플랫 화이트,
필터 커피, 애플 크럼블

👍 www.instagram.com/
comfortcoffee

Ⓟ 없음

☕
155

동화 같은 카페,

브리밍
Brimming

The h
There
You m
and th

The N

평범하디평범한 동네 골목 한편에 동화 같은 분위기로 자태를 뽐내는 카페 브리밍. 멀리서부터 심상치 않은 오라를 풍기는 멋스러운 외관에 사람들은 너도나도 관광 명소의 포토존처럼 사진을 찍는다. 때문에 인스타그램에서 브리밍을 검색하면 대부분 이 입구에서 찍은 기념사진이 주를 이룬다. 외관에 감탄하면서 안으로 들어서면 역시나 여성스럽고 세련된 인테리어가 이어진다. 여자라면 누구나 갖고 싶을 만큼 감각적인 주방과 벽장 꾸밈, 오브제 등 구석구석 인테리어를 감상하며 카메라 셔터를 누르기에 바쁘다.

브리밍은 오전 11시에 문을 열어 주말에 느지막이 일어나 브런치를 즐기기에 딱 좋다. 날씨가 맑으면 바깥 테라스 자리를, 비가 오면 창가에 앉아 커피 한 잔 마시며 브런치를 즐겨보자. 카페치고는 브런치 메뉴도 다양한데, 세 가지 주먹밥 정식과 머시룸 크림 치킨 샌드위치, 클래식 시림프 아보카도 샌드위치가 준비돼 있다. 특히 머시룸 크림 치킨 샌드위치는 두툼한 닭 가슴살에 구운 버섯과 양송이 등을 넣고 매콤한 크림소스 등을 넣었는데, 한 입 베어문 순간 조화롭게 어우러지는 환상적인 맛을 경험할 수 있다. 소스를 질질 흘리면서 먹어도 행복해지는 맛. 감각적인 인테리어에 맛까지 고루 갖춘 카페가 아닐 수 없다.

충북 청주시 청원구 사뜸로51번길 5

043-211-9800

11:00~21:00

머시룸 크림 치킨 샌드위치, 클래식 시림프 아보카도 샌드위치, 브리밍 에이드, 크리밍

https://www.instagram.com/brimming_co

없음

레반다빌라
LEVANDE VILLA

대전에서 아니 어쩌면 국내에서, 근사한 가구들로 가장 멋스럽게 인테리어한 카페를 꼽는다면 레반다빌라가 아닐까 싶다. 많은 카페를 다니며 '이곳이 우리집이었으면' 하는 생각을 종종 하는데, 레반다빌라는 그중에서도 0순위에 들 만큼 무척이나 아름답고 세련됐다.

레반다빌라는 1950~1960년 미드센추리 시대의 가치 있고 아름다운 가구와 소품들을 소개하는 숍&카페다. 가구 하나하나 깊이감이 느껴지는 건 세월의 흐름이 녹아 있기 때문일 터. 그러면서도 깔끔하게 보존된 컨디션에 놀라지 않을 수 없다. 가구 외에 소품들도 전부 멋스러운 것들 뿐이라 나도 모르게 지갑을 열게 된다. 레반다빌라를 방문했을 때 왠지 차를 한 잔 마시고 싶어 주문했는데, 첫맛부터 끝맛까지 깔끔하게 느껴져 한동안 차 맛을 음미했다. 커피는 나무사이로 원두의 싱글오리진 빈 2~3종을 핸드드립으로 소개하며, 모카포트를 이용해 내린 라테도 맛볼 수 있다.

스웨덴어로 '활기찬 집'이란 뜻을 가진 'LEVANDE VILLA'라는 카페 이름처럼 힘겹고 고된 일상 속 잠시 집에서 느끼는 행복처럼 작은 기쁨을 누리길. 커피와 차를 마시며, 아름다운 가구를 눈에 담으면서.

📍 대전 서구 대덕대로 25
📞 010-2503-1775
🕐 12:00~20:00(일요일 휴무)
☕ 필터 커피, 차, 아이스 라테
👍 www.instagram.com/
levande.villa/
Ⓟ 없음

일본식 카페의 대표,

카페 하치
Cafe Hachi

　　일본식 카페나 식당이 인기를 끌고 있는 요즘, 그중에
서도 빼놓을 수 없는 곳이 대전에 있는 카페 하치다. 실제 일본인 바
리스타와 일본에서 제과를 배운 파티시에가 함께 운영하는데, 교토
로 순간 이동한 듯한 착각이 들 만큼 일본 분위기를 진하게 풍긴다.
카페 하치의 묵직한 나무 문을 열고 들어서면 햇살이 곳곳을 비추는
아늑한 공간이 등장한다. 나무 가구와 선반에 오밀조밀 놓은 일본
소품이 정겨운 느낌으로 다가와 지금 이곳에 머무는 것만으로도 마
음이 편안해진다.
카페 하치의 인기 메뉴는 말차 테린과 큐브 라테. 일본산 말차 가루
로 만든 테린은 말차 특유의 쌉쌀하면서도 깔끔한 풍미가 쫀득한 식
감과 어우러져 씹는 맛이 일품이다. 여기에 커피를 얼린 큐브에 우
유를 부어 먹는 큐브 라테를 마시면 정말 '꿀' 같은 조합. 쌉쌀한 말
차의 맛을 고소한 라테가 부드럽게 잡아준다. 날씨가 쌀쌀해질 즈음
에는 링고 라테와 링고 티를 마시면 추위가 금세 가실 것 같다. 시골
에서 직접 재배한 미니 사과를 사용하는데, 상큼한 향과 사랑스러운
비주얼에 미소가 절로 지어진다.

대전시 서구
계룡로407번길 37

042-482-4635

화~금요일
09:00~21:00, 주말&
공휴일 10:00~21:00
(월요일 휴무)

말차 테린, 수제 타르트,
큐브 라테, 링고 라테 등

www.instagram.com/
cafehachi

매장 문의

시크하면서도 따뜻한 카페,

카페 브루
Cafe Bru

 대전시 서구
신갈마로230번길 9
없음
12:00~21:00
핸드 드립 커피,
크림 커피, 레몬 케이크,
바나나 크림 푸딩 등
www.instagram.com/
cafe.bru
없음

카페 브루는 대전의 카페 중 가장 궁금한 곳이었다. 따뜻하면서도 어딘지 시크한 분위기가 단번에 시선을 사로잡았고, 커피 내리는 데 집중하는 주인의 모습을 사진으로 보면서 커피가 무척 맛있을 것 같다는 예감이 들었다. 대전에서 핫한 카페가 모여 있는 갈마역의 주택가를 거닐다 보니 문 앞에 자그마한 입간판과 잎이 무성한 식물이 놓인 가게 하나가 눈에 띈다. 'Cafe Bru'라는 이름을 확인하고, 문을 열었다. 카페 안에는 주인이 드립 커피 내리는 것을 가까이서 볼 수 있는 바 자리와 좀 더 조용하게 시간을 보낼 수 있는 방을 개조한 공간 등이 있다.

메뉴는 코스타리카와 에티오피아 원두를 이용한 핸드 드립 커피, 비엔나 커피, 크림 커피, 크림 말차, 자몽 주스 등을 비롯해 디저트로 레몬 케이크와 바나나 크림 푸딩이 있다. 카페 브루를 찾기 전부터 드립 커피를 집중해서 내리는 주인의 모습을 봤기에 핸드 드립 커피를 시켰다. 원두는 코스타리카를 선택했는데, 카카오의 쓴맛과 코코넛의 고소한 향이 풍부하게 느껴지는 향미가 무척 인상적이었다. 카페 브루의 시크한 분위기 속에서 눈길을 끄는 깜찍한 레몬 케이크도 인기. 사탕처럼 포장된 레몬 케이크와 바나나 일러스트가 그려진 푸딩 역시 카페 브루를 대표할 만큼 맛과 비주얼 모두 훌륭했다.

휴 양 지 에 서 즐 기 는 쉼 같 은 곳,

볕
Byeot

　　대전역을 지나 소제동 관사촌으로 발길을 옮기면 시
간이 멈춘 듯한 골목이 등장한다. 빛바랜 간판, 좁은 길, 세월이 느껴
지는 손때 묻은 벽…. '반짝이는 솔랑산길'이라는 의미의 '솔랑시울
길'이라고도 불리는 이곳은 일제강점기에 일본 철도 기술자들이 살
았던 관사촌으로 지금도 일본식 가옥이 남아 있다. 찬찬히 골목길을
거닐며 우리의 아픈 역사를 더듬어보는데, 주변 건물과 다르게 생기
가 느껴지는 공간이 눈에 들어왔다. 카페 볕이다. 폐가나 다름없던
관사촌 공간을 일부 개조해서 카페로 변신시켰다. 따뜻한 남쪽 지방
에 온 것처럼 볕이 잘 들어 이름도 '볕'이라 지었다고.
카페 볕은 재료 본연의 맛을 살리기 위해 천천히, 그리고 최소한의
가공을 통해 요리하는 것을 모토로 삼고 있다. 시그너처 메뉴인 수
플레 팬케이크는 부드럽고 폭신한 식감이 특징으로 이 맛을 살리기
위해서는 천천히 정성스레 조리하는 기술이 필요하다. 때문에 수플
레 팬케이크를 주문하면 약간의 시간이 걸리니 그동안 잠깐의 쉼을
스스로에게 허락하면 좋겠다. 어느 한낮에 휴가지에서 맛있는 디저
트를 먹으며 햇빛을 맞는 것처럼.

대전시 동구 수향2길 7
042-382-2999
10:30~20:30
수플레 팬케이크,
통팥 라테, 드립 커피
없음
없음

Daegu

대구

Gyeongju

경주

취향 저격 감성 충만,
카페에 가다

———

내가 사랑한
그곳, 카페

———

개성 있는 카페가 가득한, 대구

주택을 개조한 카페가 많아서인지 아늑한 분위기의
공간이 주를 이루는 대구. 덕분에 처음 방문해도 마
치 예전에 왔던 것처럼 친근한 느낌이 들어 오랫동
안 머물고 싶어진다. 이와 함께 저마다의 개성을 지
닌 카페가 다양해 대구는 카페 투어 코스에서 빠질
수 없다. 특히 대구 중구 대봉동에 핫한 카페가 모
여 있어 투어하기에 좋다.

전통과 현대가 조화를 이루는 카페, 경주

'지붕 없는 박물관'이라 불릴 만큼 도시 전체가 역사
의 현장인 천년 고도 경주. 개성 있는 카페와 소품
가게, 식당 등이 들어선 황남동 거리를 일컫는 '황리
단길'에는 특히 전통과 현대가 조화를 이루는 카페
가 다양하다. 맞은편으로는 고즈넉한 대릉원의 경
치가 눈에 담겨 경주에서만 만끽할 수 있는 이색적
인 분위기가 펼쳐진다.

정 원 에 서 즐 기 는 여 유,

스완네
Swanne

살짝 오르막길의 주택가에 위치한 스완네는 큰 규모의 주택과 그 앞에 있는 초록빛 널따란 정원으로 눈을 번쩍 뜨이게 한다. 비가 오지 않으면 정원에 마련된 테이블에서 시간을 보내도 좋지만 비가 와도 상관없다. 내부의 창가 자리에서 정원을 바라보는 것도 좋으니까. 여름철에 스완네에서 사람들이 즐겨 찾는 메뉴는 토마토 빙수. 아기 피부처럼 뽀얀 우유를 곱게 간 얼음에 말린 방울토마토를 하나 올린 뒤 유기농 설탕으로 만든 연유와 신선한 토마토즙을 함께 내어 준다. 담백한 맛을 좋아한다면 아무것도 첨가하지 않으면 되고, 취향에 따라 연유와 토마토즙을 조금씩 뿌려 먹으면 더 맛있게 즐길 수 있다. 음식을 담은 자기에도 눈길이 갔는데, 주인이 직접 만든 것이란다. 알고 보니 대학에서 도예를 전공한 예술 학도로 문경에서 열린 막사발 축제에서 수상한 경력이 있는 실력자였다. 여름에는 주인만의 감성이 녹아든 찻잔과 자기에 정성스레 담긴 음료나 빙수를, 겨울에는 따뜻한 홍차와 구움 과자를 즐겨보자.

 대구시 수성구
동대구로80길 73

053-742-9794

10:00~22:00
(일요일 휴무)

토마토 빙수, 홍차,
구움 과자 등

www.instagram.com/
cafe_swanne

없음

I Would Like to…,

IWLT
Iwlt

　　카페는 커튼이나 어떤 가림막도 없어 안이 훤히 보이는 구조. 그 안에 짙은 나무 가구가 자리하고, LP판에서는 오래된 팝송이 흘러나왔다. 어쩐지 여기에서 음악을 들으며 커피를 마시면 비가 오는 날에도 기분만은 청명해질 것 같은 느낌. 예상은 적중했다. 커피가 맛있을 것 같은 카페에서는 따뜻한 핸드 드립을 시키는 편인데, 천천히 내린 커피에서는 진한 향이 코끝에 풍겨왔고, 입안에서는 스모키한 풍미가 잔잔하게 퍼졌다.

가구도 예사롭지 않다. 의자의 곡선이나 모양새, 디테일 등이 카페에서 흔히 보던 것과 다르다. 테이블 디자인도 구조적이고, 정교하다. 아니나 다를까, 직접 만든 가구들이란다. 카페를 운영하는 젊은 부부 중 부인이 예전에 인테리어 디자이너였다고. 그래서 IWLT는 직접 제작한 가구도 판매하는 숍&카페로 운영 중이다.

커피를 다 마시고도 한동안 자리를 뜨지 못했다. 이 조용하고 차분한 느낌이 무척이나 좋아서.

📍 대구시 수성구
　　동대구로8길 12
📞 없음
🕐 11:00~21:00
　　(일요일 휴무)
🥤 핸드 드립 커피,
　　아몬드 오레, 말차 오레
👍 www.instagram.com/
　　iwlt
🅿 없음

평안하고 평안한,

사택
Sa Taek

　　반월당역 가까이에 있는 사택은 남산동의 한 건물 2층에 위치해 있다. 건물로 향하는 골목에서부터 2층으로 올라가는 계단 그리고 마침내 닿는 사택까지 침착한 기운이 흐르고 정말 누군가의 '사택'에 방문한 듯 괜스레 편안해진다.

주변 공기가 차가워지고, 파랗던 하늘이 주황빛으로 물들어가는 해질 녘, 사택도 덩달아 분위기가 농익었다. 내부는 조명 빛으로 더욱 아늑해지고, 바깥 테라스 좌석은 노을빛을 배경 삼아 깊어가는 운치를 더했다. 조금 쌀쌀했지만 어스름한 가을의 품속에서 여유를 즐기고 싶어 테라스 좌석에 자리를 잡았다. 귀여운 이름에 이끌려 '봉봉 플랫'을 주문했다. 아포가토처럼 라테에 아이스크림을 올린 메뉴로 바닐라 또는 초코 아이스크림 중 택할 수 있다. 아이스크림을 듬뿍 얹은 라테를 마시며 분위기까지 음미하는데, 마음속으로부터 '좋다'는 울림이 잔잔히 퍼졌다. 비가 한두 방울 떨어지자 카페 주인은 서둘러 캐노피 천막을 내려주었고, 테이블에 초를 켜 주변을 환하게 밝혀주었다. 대구를 다녀오고 나서도 얼마간 여운이 지속되었던 곳으로 기회가 있다면 꼭 한 번 다시 가보고 싶다.

대구시 중구
명륜로11길 7, 2층

010-2089-4994

12:30~21:00
(화요일 휴무)

봉봉 플랫, 바닐라빈 라테,
비엔나 커피, 스콘,
피낭시에, 파운드케이크

www.instagram.
com/_____.sh

없음

비락 우유 컵에 담긴 정겨운 커피,

롤러커피
Roller Coffee

아침형 인간이라 조금 한가로운 오전에 커피를 즐기고 싶다면 롤러커피를 찾아가면 되겠다. 롤러커피는 현대인이 하루를 시작하는 아침 8시에 문을 여니까. 반월당역에서 내려 지상 출구로 나와 조금 걸으면 두 갈래로 갈라지는 골목에 롤러커피가 자리해 있다. 아무것도 쓰여 있지 않은 흰 천막 아래로 조그마한 'ROLLER COFFEE' 간판이 있고, 바닥에 나무 입간판이 있을 뿐이다. 무심하게 놓은 철제 선반과 빈티지한 스피커, 나무 벤치, 스툴 등이 멋스럽다.

메뉴는 에스프레소, 아메리카노, 라테 세 가지로 무척 단출하다. 가격도 3,000원~3,500원으로 저렴한 편. 라테는 5oz 또는 7oz 용량으로 주문할 수 있고, 시원한 라테 한 잔을 주문하니 SNS에서 자주 보던 비락 우유 컵에 담긴 커피가 등장했다. 롤러커피의 시그너처 아이템이라 할 만큼 워낙 유명하다 보니 실제로는 처음 봐도 친숙하게 느껴졌다. 정겨운 이 빈티지 컵은 가게 주인이 할머니 댁을 방문했을 때 발견했다고. 그 후 이 컵은 롤러커피를 대변하며 사람들의 옛 추억을 소환한다.

 대구시 중구
달구벌대로414길 36

📞 010-4946-0998

🕐 월~금요일 08:00~20:00,
토요일&공휴일
12:00~20:00(일요일 휴무)

☕ 에스프레소, 아메리카노, 라테

👍 www.instagram.com/
rollercoffee

Ⓟ 없음

빵도 맛있고, 분위기도 좋은,

아눅 베이커스
A.nook Bakers

아눅 베이커스의 사진을 처음 봤을 때 당연히 일본이라 생각했는데, 대구라는 사실을 알고 너무 궁금했다. 범어역에서 내려 아파트 단지로 올라가니 평범한 상가만 있을 법한 건물에 아눅 베이커스가 자리했다. 평일 오후였는데도 매장 안은 사람들로 꽉 찰 만큼 인기였고, 모두들 빵과 커피를 즐기고 있었다. 진열대에 가지런히 놓인 여러 가지 빵을 보니 결정 장애가 생겼다. 기본적인 크루아상부터 뱅오쇼콜라, 카눌레, 쿠크, 마들렌, 애플 시나몬, 밤식빵, 더블쇼콜라 등 금방이라도 침이 고일 만큼 매혹적이다. 잠시 고민을 거듭하다가 그래도 많은 이들에게 인기인 바닐라 크루아상을 택하고, 라테 한 잔을 주문했다.

바닐라 크루아상을 칼로 잘라 한 입 먹는데, 빵 안에 커스터드 크림이 가득 들어 있어 달콤한 맛이 입안을 가득 채웠다. 크림이 워낙 많이 들어 있어 몇 입 먹으니 금세 배도 불렀다.

동대구역 부근에는 아눅 카페 1호점도 있는데, 아눅 베이커스가 일본풍이라면 1호점은 거칠고 빈티지한 느낌이 강하다. 어느 곳이든 맛있는 빵과 커피가 있으니 취향에 따라 들러봄 직하다.

🪧 대구시 수성구
동대구로58길 15
📞 053-759-1060
🕐 08:00~22:00
🍽 바닐라 크루아상,
카눌레, 쿠크, 라테
👍 www.instagram.com/
a.nook_
Ⓟ 있음

옛것과 새것의 조화,

고도 커피바
Kodo Coffeebar

'지붕 없는 박물관'이라 불릴 정도로 많은 문화유산을 자랑하는 고장답게 경주에는 한국적이고, 전통적이면서도 세련된 카페가 많다. 특히 고도 커피바는 신식 한옥에 차가 아닌 커피를 선보이는 곳으로 경주를 간다면 꼭 방문해야 한다. 황리단길을 걷다가 고도 커피바를 마주했을 때 느꼈던 그 벅차오르는 감정이란. 한옥과 커피의 만남이 이렇게 근사한지 그곳에서 제대로 느꼈다.

짙은 회색빛 기와 아래 선명하게 새겨진 'COFFEE' 간판이 보이고, 창호 문을 열고 들어서면 서까래 밑에 놓인 커피 머신과 그곳에서 분주하게 커피를 내리는 직원들의 모습이 참으로 멋스럽고 이색적으로 느껴진다. 옛것을 본받아 새로운 것을 창조한다는 뜻의 '법고창신'이란 사자성어가 절로 떠오르는 공간이었다.

이토록 근사한 한옥에서 커피를 즐긴다면 설령 커피를 좋아하지 않는다 해도 분위기에 빠지게 될 것이다. 메뉴는 아메리카노와 라테, 플랫 화이트, 수제 바닐라를 넣은 바닐라 라테, 크림 사워, 필터 커피 등을 비롯해 녹차, 마테, 루이보스, 민들레, 자몽을 블렌딩한 디톡스 차인 쿠스미 티도 판매하고 있다. 편안하고 세련된 한옥과 몸을 따뜻하게 해주는 커피, 따사로운 햇살까지 어우러지니 이보다 더 좋은 곳이 있을까 싶다.

경북 경주시 손효자길 22
054-777-7776
11:00~20:00(목요일 휴무)
아메리카노, 바닐라 라테,
쿠스미 티, 크림 사워 등
www.instagram.com/
kodocoffeebar
없음

고즈넉한 경주 속 모던한 카페,

페트 커피
Fete Coffee

경북 경주시
포석로 1097

054-777-1097

12:00~21:00,
월요일 12:00~20:00
(화요일 휴무)

엉페트, 플랫 화이트, 라테,
얼그레이 아이스티 등

www.instagram.com/
fetecoffee

없음

미추왕릉, 천마총 등 우뚝우뚝 솟은 기대한 고분이 있는 경주의 대표적 관광 명소인 대릉원. 황남동 대릉원 주변의 내남사거리부터 황남관사거리까지 이어진 길을 통칭해 황리단길이라 하는데, 이곳에 개성 있는 카페와 맛집들이 들어서면서 사람들의 발길을 끌어 모으고 있다. 페트 커피는 황리단길이라는 명칭이 붙기 전에 자리를 잡고 황리단길을 유명하게 한 카페라 해도 과언이 아니다.

무려 2년 가까이 공간을 구성하고, 고민하면서 인테리어를 완성한 페트 커피. 직접 공간을 둘러본다면 그 세심한 손길을 느낄 수 있을 것이다. 전체적으로 블랙&그레이 톤으로 어스름한 분위기지만 창밖으로 대릉원이 훤히 내다보여 시원한 경치를 감상할 수 있으며 경주 특유의 고즈넉한 분위기까지 담고 있다. 여기에 세련된 가구와 오디오, 각종 소품 등도 페트 커피를 더욱 멋스럽게 만든다. 특히 사람들은 이곳의 맛있는 커피에 반한다. 그중에서도 '엉페트'라는 메뉴가 인기인데, 커피 위에 부드럽고 달콤한 크림을 듬뿍 얹은 다음 코코아 파우더를 뿌려 달달하면서도 진한 커피 향이 느껴진다. 엉페트를 마셔본 사람들은 경주를 가면 페트 커피의 엉페트를 꼭 마셔보라고 추천할 정도. 엉페트 외에 플랫 화이트와 라테를 추천하는 이들도 많다.

Gangwon

강원

진정한 카페 투어, 강원

가까운 곳으로 여행을 떠나고 싶을 때는 강원도만 한
곳이 없다. 더없이 푸른 바다와 고즈넉한 명소로 시
끄러운 마음을 금세 차분하게 해주니까. 카페도 마찬
가지. 시원한 바다를 바라보며 커피 한 잔을 할 수 있
는 카페와 오래된 역사를 품은 예스러운 카페 등 매
력적인 곳이 많아 카페 투어의 즐거움이 배가된다.

Geoje
거제

Tongyeong
통영

감성 공간
취향 수집
—

내가 사랑한
그곳, 카페
—

자연과 함께 즐기는 커피 타임, 거제&통영

바다에 둘러싸인 지리적 이점 덕분에 거제도와 통영
에는 빼어난 경치를 벗 삼은 카페가 즐비하다. 그곳
의 카페를 방문해 푸르른 자연을 바라보며 커피 한
잔을 마시며 시간을 보내면 복잡한 머릿속이 가지런
히 정리되는 기분이다. 굳이 해외로 떠나지 않아도
이곳에서 자유로운 방랑자의 기분을 만끽할 수 있다.

르꼬따쥬
Lecottage

강릉의 중심가를 벗어나 한갓진 시골길을 달린 지 10여 분째. 굽이진 길에 들어서니 드넓은 평야에 평화로이 우뚝 서 있는 한옥 고택이 눈에 들어온다. 전원에서 팜크닉을 즐길 수 있는 곳, 르꼬따쥬다.

르꼬따쥬는 할아버지, 할머니가 살던 250년 된 고택을 삼 남매가 의기투합해 어여쁜 팜크닉 공간으로 꾸린 곳이다. 강릉이 고향인 카페 주인은 해외 여러 나라를 다니며 일을 하다가 자연에서의 소박한 삶을 영위하고 싶어 르꼬따쥬를 열게 됐다. 본래 마구간으로 쓰인 11평 남짓 되는 작은 별채를 각국에서 공수한 소품과 화분, 식물 등을 판매하는 편집매장이자 겨울에는 야외 대신 실내에서 차를 마실 수 있는 공간으로 마련했다.

르꼬따쥬의 하이라이트는 역시 팜크닉을 이용할 수 있는 드넓은 잔디밭이다. 이곳을 찾은 사람들은 사시사철 계절의 색으로 물드는 자연을 눈에 담으며 잠시나마 평온한 전원생활을 경험하게 된다. 팜크닉을 예약하면 차와 책, 블루투스 스피커, 간단한 다과 등을 내어주는데, 1시간 반 동안 누구의 방해도 받지 않고 온전히 자연 안에 스며드는 특별한 시간을 보낼 수 있다.

📍 강원도 강릉시
　 한밭골길 50-11
📞 070-4789-0729
🕐 10:00~20:00
　 (사전 예약 필수)
☕ 아이스 허니티, 유자차
　 자몽차 등
👍 www.instagram.com/
　 lecottage_lifestylefarm/
Ⓟ 있음

185

근사한 공간에서 즐기는 디저트 타임,

퍼베이드
Pervade

강릉의 중심가인 교동 부근, 다소 한적한 거리에 위치한 퍼베이드는 세련된 화이트 톤의 단독 건물로 멀리서부터 눈에 띈다. 단층 건물이지만 규모가 꽤 커서 들어서기 전부터 기대가 되는데, 안으로 발걸음을 옮기자 큰 창과 여유로운 공간 인테리어가 시선을 사로잡는다. 특히 천장에 낸 큰 창으로 따스한 햇살이 내리쬐고 파란 하늘이 그림처럼 걸려 있어 보는 것만으로도 마음이 확 트인다. 퍼베이드는 세련된 인테리어에 다양한 베이커리를 갖춰 좀 더 충만한 디저트 타임을 즐길 수 있다. 공간의 3분의 1을 먹음직스러운 케이크, 빵, 구움과자 등 디저트를 진열하는 데 할애했을 정도로 베이커리 구성이 알차다. 베이커리는 베이킹 시 천연 발효와 저온 숙성을 거치고, 프랑스산 버터와 초콜릿 등을 사용해 매장에서 매일 직접 만들고 있다. 산미와 고소한 맛이 동시에 느껴지는 커피 외에 홍차 잎을 우려낸 바닐라빈과 비정제 설탕 마스코바도를 넣어 끓인 밀크티도 달콤하고 깊은 맛이 나 디저트와 함께 곁들이면 좋을 듯하다.

🏠 강원도 강릉시
화부산로 78

📞 033-645-7953

🕐 09:00~22:00

☕ 바닐라빈 라테, 밀크티,
마들렌, 타르트 등

👍 www.instagram.com/
pervade_cafe

🅿 있음

187

100년이 넘은 적산가옥을 개조한 카페,

오월커피
Owol Coffee

100년이 넘은 적산가옥을 개조해 독특하면서 고즈넉한 분위기가 나는 오월커피. 카페 한쪽에는 집을 고치다 발견한 오래된 놋숟가락이 전시돼 있기도. 카페 외관의 '오월'이라는 한글 간판 아래에는 작은 의자가 놓여 있다. 카페를 방문한 이들은 모두 이곳에 앉아 기념사진을 찍는데, 사람들이 많을 때는 잠시 순서를 기다렸다가 사진을 찍고 카페 안으로 들어선다. 1층에는 주문대와 몇 개의 테이블이 놓여 있고, 목조 계단을 따라 2층으로 올라가면 셰어 테이블이 놓여 있는 한편, 좌식 공간도 마련해 전통의 멋을 살렸다. 적산가옥의 흔적이 고스란히 남아 있는 천장도 이색적. 카페 외관만 봤을 때는 어쩐지 전통차와 다과를 팔 것이라 생각했는데, 당근 케이크가 유명하다. 인형처럼 귀여운 모양의 당근 케이크는 듬뿍 올린 생크림에 솔솔 뿌린 크럼블과 도톰한 머핀으로 이루어져 있다. 당근 케이크 외에 치즈 마들렌도 준비돼 있으며, 음료는 복분자 에이드와 유자 에이드, 밀크티, 플랫 화이트 등이 인기다. 달달한 케이크에 상큼한 복분자 에이드나 유자 에이드를 곁들이면 그야말로 찰떡궁합이다.

강원도 강릉시 경강로2046번길 11-2
033-645-8889
10:00~21:30
당근 케이크, 복분자 에이드, 유자 에이드, 플랫 화이트
www.instagram.com/owol_coffee
있음

숲속 카페 같은 그윽한 멋,

포지티브즈 춘천
Positives Chuncheon

카페가 있을 것 같지 않은 곳에 자리 잡는 게 요즘 트렌드라지만 춘천의 포지티브즈는 정말 이곳을 모르면 찾아갈 수 없을 듯하다. 주변에 포지티브즈 말고 별달리 볼거리는 없지만 이 카페 하나만으로도 찾아갈 가치는 충분하다. 카페는 오래된 주택을 개조했는데, 세월의 흔적이 오히려 매력적으로 다가온다. 페인트칠이 벗겨지고, 입구의 계단 턱 일부가 망가졌어도 그 또한 멋스럽다.

짙은 청록색 대문을 열고 들어서자 커다란 나무가 초록빛 잎사귀를 뽐내며 싱그러운 에너지를 선사한다. 카페에 들어서면 가장 먼저 마주하는 외부 공간은 누군가의 시골집 정원에 놀러온 듯한 비밀스러운 분위기에, 내부는 조용한 고향 집 같은 친근함과 편안함이 배어 있다.

메뉴는 제철 과일로 직접 만든 다양한 디저트가 있다. 포지티브즈를 방문했을 때는 여름의 절정이라 복숭아 주스와 복숭아 케이크 등 복숭아 세트가 인기였다. 계절에 따라 무화과 생크림 케이크, 산딸기 치즈 케이크 등도 선보이는 모양이다. 커피는 드립 머신을 이용해 내리고 있으며, 산미가 강한 것부터 달콤하고 상큼한 맛까지 다양한 원두를 골라 즐길 수 있다. 주문한 메뉴를 들고 나뭇잎이 바람에 살랑살랑 흔들리는 야외 테이블에 앉아 잠시 고요한 행복에 빠졌다.

강원도 춘천시 서부대성로205번길 10

010-4027-0164

11:30~19:00(카페),
19:00~22:00(와인바),
일요일 카페만 운영
(월요일 휴무)

청포도 주스, 복숭아 주스,
산딸기 치즈 케이크, 복숭아 케이크, 브라우니 등

www.instagram.com/
positives_chuncheon

없음

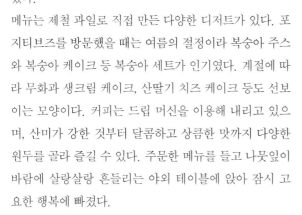

바다를 보며 즐기는 낭만적인 커피,

테일 커피
Tail Coffee

눈부신 푸른빛 물결이 아름다운 동해 바다. 맑고 청명한 동해 고성의 바다를 마음껏 눈에 담으며 커피를 즐길 수 있는 낭만적인 곳이 있으니 바로 테일 커피다. 테일 커피는 야외에서 피크닉을 즐길 수 있도록 소품을 대여해주는 카페의 시초라 할 수 있는데, 그 장소가 동해 바다여서 더욱 특별하고, 그곳에서 보낸 순간순간이 오랫동안 기억에 남는다.

오래된 집들이 골목을 이뤄 정겨운 마을 한 어귀에 테일 커피가 자리한다. 방학이나 명절이면 찾곤 했던 할머니 댁에 방문한 기분. 초록색 지붕으로 지어진 옛날 집에 군데군데 벗겨진 벽지와 낡은 페인트칠이 세월의 흔적을 느끼게 하고, 시간의 흐름에서 번지는 특유의 멋스러움을 만들어낸다. 도시의 세련되고 모던한 카페에서는 느낄 수 없는 테일 커피만의 소박하고 정겨운 멋이 느껴지는 것.

내부를 둘러본 다음에는 피크닉을 즐기러 밖으로 향해보자. 카페에서 몇 발자국만 나서면 고성의 가진 해변이 펼쳐진다. 피크닉 물품은 1인당 8,000원을 내고, 바구니와 피크닉 매트, 의자, 핸드 드립 커피 등을 이용할 수 있다. 바닷가에 매트를 펼치고 앉아 커피를 마시며 하얗게 부서졌다 밀려오는 파도와 짙푸른 바다를 보면 그동안의 시름이 날아갈 듯 가슴이 뻥 뚫린다.

📍 강원도 고성군
　　죽왕면 가진길 40-5
📞 010-5139-8060
🕐 11:00~19:00
　　(수요일 휴무)
☕ 핸드 드립 커피,
　　아인슈페너, 핫초코 등
👍 www.instagram.com/_tail_
Ⓟ 없음

자 연 을 품 은 근 사 한 카 페,

에버어뮤즈
Ever Amuse

거제나 통영에는 기차역이 따로 없어 에버어뮤즈 카페를 가려면 서울에서 4~5시간 정도 승용차나 시외버스를 타고 이동해야 한다. 그런 번거로운 과정을 감내하고라도 들러야 하는 이유는 현재는 물론 앞으로도 없을 멋진 경관과 인테리어를 자랑하기 때문이다.

삼면이 바다로 둘러싸인 지형 덕분에 거제로 가는 길은 내내 푸른 바다가 따라왔고, 수려한 산세까지 어우러져 바라보는 것만으로도 가슴이 트였다. 에버어뮤즈 카페 앞에는 문동 저수지의 풍경화 같은 절경이 펼쳐졌다. 저수지에 환상적인 물안개가 피어오르고, 그 위로 계절마다 옷을 갈아입는 근엄한 산세가 그려진다. 카페에 앉아 이런 그림 같은 경치를 보며 커피를 마실 수 있다니, 생각만으로도 마음이 평온해지는데, 실제로 경험하는 기분은 말로 설명할 수 없다.

고향이 거제인 카페 주인은 조깅을 하면서 문동 저수지를 바라보다가 여기에 카페를 열면 좋겠다는 생각을 했다고. 그 결과 카페 주인의 감각적인 센스까지 더해져 세련된 인테리어에 자연을 품은 카페 에버어뮤즈가 탄생했다. 근사한 경치를 즐기며 고소하고 진한 플랫 화이트와 찐득한 식감에 달콤한 맛이 절묘하게 어우러진 가토 쇼콜라를 먹는 맛도 일품이었다.

경남 거제시 문동4길 99
010-4848-9614
11:30~20:00(월요일 휴무)
청귤 에이드, 플랫 화이트,
바질리코타 오픈 샌드위치,
가토 쇼콜라 등
https://www.instagram.
com/everamuse
있음

수려한 산등성이를 벗 삼은 카페,

칠성맨션
Chilsung Mansion

거제도 하청면의 실전리를 따라 드라이브하다 만난
카페. 하얗고 깔끔한 건물 외관에 이끌려 들어갔는데, 내부 역시 심
플하면서 세련된 인테리어가 눈길을 끌었다. 내부는 2인석부터 다
인석까지 여러 테이블이 구성돼 있는 동시에 테이블 간의 간격이 넓
어 보다 여유롭고 편안하게 시간을 보낼 수 있는 것. 무엇보다 칠성
맨션의 매력은 창문 너머로 보이는 수려한 산등성이 경치다. 파란
하늘 아래 유려하게 흐르는 산의 등줄기가 커피와 디저트 맛을 돋운
다. 테라스에는 휴양지 리조트 같은 야외석도 준비돼 있다. 파스텔
물감으로 칠한 듯한 하늘에 솜사탕 같은 구름, 산세의 경치를 바라
보노라면 답답한 마음이 싹 씻겨 내려간다.
칠성맨션에서 주문할 수 있는 메뉴는 기본적인 커피를 비롯해 초코
라테, 라즈베리 라테, 자몽 에이드, 애플 시나몬 에이드, 유자차 등.
특히 누텔라 바나나 토스트와 간단한 식사로 좋은 시림프 토마토 토
스트, 베이컨 에그 토스트 등 토스트류가 인기다. 누텔라 바나나 토
스트는 바삭한 빵 위에 진한 누텔라 소스와 신선한 바나나를 풍성하
게 올려 중독성이 깊은 맛이다.

경남 거제시
하청면 거제북로 669

010-7256-3382

10:00~22:00
(월요일 휴무)

자몽 에이드, 애플 시나몬
에이드, 시림프 토마토
토스트, 누텔라 바나나
토스트 등

www.instagram.com/
chilsungmansion

없음

숲속의 신비로운 카페,

포지티브즈 통영
Positives Tongyeong

📍 경남 통영시
중앙시장4길 6-33
📞 010-4182-3715
🕐 일, 월, 수요일 11:30~18:30,
목~토요일 11:30~21:00
(화요일 휴무)
☕ 패션프루트 에이드, 애플
시나몬 밀크, 티라미수,
브라우니, 애플 크럼블 등
👍 www.instagram.com/
positives_tongyeong
🅿 없음

포지티브즈 통영은 통영에서 가장 유명한 관광 명소로 늘 사람들의 발길이 분주한 동피랑 마을 입구의 한 골목에 위치해 있다. 동피랑 마을 입구에서 기념사진을 찍느라 분주한 인파 속에서 반대로 발걸음을 돌려 조용한 골목으로 들어가면 숲속의 비밀 정원처럼 신비로운 포지티브즈 통영이 등장한다. 야외에 빈티지한 나무 테이블이 있어 날씨 좋은 날에는 커피와 디저트를 즐기기에 좋다. 봄에는 피크닉 소품을 대여해 한가로운 시간을 보낼 수 있으니 이용해보자.

메뉴판 앞에는 먹음직스러운 디저트가 놓여 있어 어떤 것을 먹어야 할지 선택 장애에 빠지게 된다. 바삭한 식감과 상큼한 사과 맛이 일품인 애플 크럼블을 비롯해 브라우니, 티라미수 등 모두 맛있어 어느 것 하나만 추천하기 어려울 정도다. 복숭아, 애플망고, 멜론 등 신선한 제철 농산물을 자체 농장인 포지티브즈 팜에서 공수하는 덕분이다.

때로는 음악회나 작품 전시를 진행하며 카페를 넘어 복합 문화 공간으로서의 역할도 하고 있다. 때문에 단지 '카페'로만 규정할 수는 없을 듯싶다. 앞으로 전주점과 서울점도 오픈할 예정으로 포지티브즈만의 분위기를 느낄 기회가 더 많아져 기쁠 따름이다.

Jeonju

전주

역사와 자연이 어우러진, 전주&완주

한옥, 한식, 한지 등 대표적인 전통문화 도시답게
전주의 카페로 향하는 길은 더없이 고즈넉하다. 하
지만 가게 문을 열고 들어서면 서울 못지않은 세련
되고 멋스러운 공간이 등장한다. 한편 전주에서 차
로 30분 정도면 닿는 완주에는 감동적인 자연 풍경
이 눈과 마음을 정화시키는 독보적인 카페가 있다.
일생에서 한 번쯤 꼭 가봐야 할 곳들이다.

Wanju

완주

Gwangju

광주

취향과 감성을
나누는 공간

———

내가 사랑한
그곳, 카페

———

정겨운 도심 속 아늑한 카페가 많은, 광주

정겨운 옛 도시의 풍경이 남아 있는 광주. 광주 송
정역에서 내려 남광주역으로 향하면 동명동과 양림
동을 중심으로 멋스럽고 아늑한 카페들이 자리해
있다. 양림동 근대문화거리에는 고풍스러운 한옥을
기반으로 한 카페가 여럿 있는 편. 동명동에는 개성
있는 카페들이 있어 취향에 따라 둘러볼 수 있다.

어여쁜 유럽 감성이 가득한,

나잇나잇
Night Night

나잇나잇은 평범한 상가 건물 3층, 마치 보습 학원이 있을 것만 같은 곳에 들어섰다. '여기가 맞나?' 하는 생각이 들지만 계단을 오르면 친절하게 'NIGHT NIGHT'이라고 쓴 간판을 발견하게 된다. 문을 열고 들어서자 넓고 여유로운 공간이 등장하고, 유럽의 카페에 온 듯한 분위기에 말문이 막혔다.

나잇나잇은 베이커리와 브런치 메뉴도 다양하다. 분명히 밥을 먹고 왔건만 정신을 몽롱하게 만드는 구수한 빵 냄새에 이끌려 제철 과일을 토핑한 리코타 치즈 토스트와 음료를 주문했다. 음료는 추천받은 자몽 주스로. 공간에 한창 취하고 있는 사이 주문한 메뉴가 나왔고, 큼직한 크루아상을 반으로 가른 후 리코타 치즈를 듬뿍 넣고, 프로슈토 햄을 올린 뒤 무화과를 풍성하게 올린 토스트 비주얼에 행복한 탄성을 지르고 말았다. 맛은 말해 무엇하리요, 쫄깃쫄깃한 크루아상 속살까지 씹히니 더욱 맛이 풍부하게 느껴졌다. 자두를 아낌없이 넣은 진한 자두 주스도 꿀맛. 예쁜 공간에서 맛있는 브런치를 즐기니 전주 카페 투어의 행복한 서막이 열렸다. 매월 새롭게 선보이는 신메뉴가 있으니 확인 후 방문하자.

전북 전주시 완산구
전주천동로 244, 3층
070-4645-1210
12:00~21:00,
일요일 12:00~19:00(월, 화요일 휴무)
계절 에이드, 계절 주스,
바질 레몬 에이드, 프렌치토스트,
리코타 오픈 토스트 등
www.instagram.com/
cafe_nightnight
없음

완연한 자연을 품은,

두베 카페
Dubhe Cafe

전주 시내에서 차로 15분쯤을 달리자 울창한 수목과 수려한 산세가 끝없이 펼쳐졌다. 전주를 벗어나 다다른 곳은 완주군 소양면. 두베 카페를 찾아가기 위해 목적지를 내비게이션에 찍고 도착하자 한적하고 여유로운 오성 한옥 마을이 등장했다. 웅장하고 수려한 산세를 곁에 두고 있어 바라보는 것만으로도 가슴이 탁 트이는 날것 그대로의 자연이 두 눈에 고스란히 담겼다. 커피 한 모금 마시고 자연 한 움큼을 눈에 담을 때마다 건조했던 일상이 촉촉하게 채워지는 기분.

두베 카페에서 맛볼 수 있는 메뉴는 크리미 더치 커피, 소양 미숫페너, 오디 스무디 등. 특히 미숫페너는 방앗간에서 율무, 검은콩, 현미 등 8가지 곡식을 빻아 넣은 후 부드러운 크림을 더해 만든 것으로 고소하고 달콤한 맛이 조화롭게 어우러진다. 오디 스무디는 지역 농가에서 재배한 것을 효소로 정성스레 만든 음료로 깊은 오디 맛이 매력적이다. 두베 카페 옆에는 플리커 서점도 있으니 지나치지 말고 둘러볼 것. 바로 옆에 있는 소양 고택에서 하룻밤 머무르면 더할 나위 없는 힐링이 될 듯하다.

 전북 완주군 소양면
송광수만로 472-23

📞 063-243-5222

🕐 월~금요일 10:30~19:00,
토요일 10:00~21:00,
일요일&공휴일 12:00~21:00

☕ 소양 미숫페너, 오디 스무디,
레드벨벳 케이크, 수제 당근
케이크 등

👍 www.instagram.com/
dubhe_soyang

Ⓟ 없음

때 묻 지 않 은 자 연 을 곁 에 둔,

오스갤러리&카페
OS.Gallery&Cafe

전주에 전통이 있다면 완주에는 빼어난 자연이 있음을 오스갤러리에서 실감했다. 오스갤러리로 향하는 길에는 오성제라는 저수지가 있는데 마치 일본 유후인의 긴린코 호수를 떠오르게 하는 절경에 시선을 거둘 수가 없었다. 자연의 존재에 감탄하며, 두베 카페에서 도보로 5분 정도 내려오면 입구부터 웅장한 오스갤러리에 닿는다. 외국 영화에서나 볼 법한 귀족이 사는 집처럼 커다란 대문이 있고, 안으로 들어서면 싱그러운 연둣빛의 드넓은 잔디가 있는 곳. 그 앞으로는 오성제 저수지와 하늘 높이 솟은 산이 펼쳐지는데, 이 경치는 실제로 보지 않고서는 결코 가늠할 수 없다.

오스갤러리는 카페도 함께 운영하고 있다. 갤러리다운 모던한 건축물 옆으로 빨간 벽돌을 쌓아 올린 아늑한 카페가 있다. 카페 안이나 저수지를 바라보며 커피를 마실 수 있는 테라스도 좋고, 갤러리로 향하는 쪽 공간도 멋스럽다. 특히 갤러리 공간은 넓은 창으로 푸르른 경치가 시원스레 펼쳐져 신선놀음을 하는 듯 더없이 평화롭다.

전북 완주군 소양면 오도길 24
063-244-7116
월~금요일 11:00~19:00, 주말&공휴일 11:00~19:30
콜드 브루, 크림 라테, 유기농 더블 토스트 등
www.instagram.com/os_gallery_
있음

머물수록 아늑하고 편안한,

엔투잇 시즌
And to Each Season

조용한 양림동 근대문화거리를 걷다 발견한 카페 엔투잎시즌은 아담한 주택 외관에 내부도 소담스러운 분위기를 발한다. 현재 카페는 2018년 여름에 오픈했지만 사실 7~8년 전부터 디자인 회사와 카페를 같이 운영하다가 보다 독립적이고 아늑한 공간에서 커피 맛에 집중할 수 있도록 이곳으로 이전했다. 양림동에 저마다의 카페가 들어서기 전부터 이곳의 터줏대감 역할을 한 셈.

안으로 들어서면 어쩐지 친근한 느낌이 드는데, 가구는 물론 마당 앞에 놓인 자갈 하나까지 제 쓰임을 다 하고 버려진 것들을 재활용했기 때문이다. 재주꾼 카페 주인이 교회에서 쓰다 버린 가구를 다시 다듬고 손과 세월의 흐름이 담긴 편안한 공간을 완성한 것.

메뉴는 커피를 비롯해 밀크티, 허브차, 과일차 등이 있다. 특히 커피는 브라질, 과테말라, 에티오피아 등의 원두를 선택할 수 있으며, 커피 맛의 진한 정도까지 조절할 수 있는 것이 특징이다. 보다 다양한 사람들의 입맛을 고려한 카페 주인의 세심한 배려가 돋보인다.

광주시 남구 서서평길 19-2
010-2639-0722
12:00~22:00
아메리카노, 밀크티, 허브차,
말차, 딥바닐라
www.instagram.com/
andtoeachseason
없음

세련된 한옥 카페의 정수,

시니피에
Signifie

       광주 카페 투어를 결심한 이유라고 해도 과언이 아닐 만큼 근사한 공간과 어여쁜 디저트를 자랑하는 카페, 시니피에. 한옥을 기반으로 감각적인 가구와 소품으로 멋스럽게 탈바꿈시켰는데, 덕분에 기존 한옥 카페에서 느꼈던 고풍스러운 분위기보다 세련되고 로맨틱한 느낌이 강하다. 오래된 한옥의 서까래와 기둥 등은 유지하면서 보수 작업을 거쳐 깨끗하게 어루만지고, 1960~2000년대 초반에 이르는 진귀한 빈티지 가구로 공간 곳곳을 세심하게 구성한 결과다. 지붕을 지탱하는 한옥의 보를 유지하기 위해 여러 번의 공사를 거듭하고, 가구를 수집하는 데만 1년 넘게 걸릴 만큼 카페 주인이 들인 노력 또한 큰 몫을 했다.

메뉴는 기본적인 아메리카노, 라테, 플랫 화이트를 비롯해 시니피에의 시그너처인 크림 라테와 패션프루트 에이드, 라즈베리 에이드 등의 에이드, 다양한 차가 준비돼 있다. 특히 크림 치즈의 비중을 높여 아이싱한 라즈베리 컵케이크, 초콜릿&그린티 케이크, 스트로베리 케이크 등의 어여쁜 디저트를 맛볼 수 있다.

광주시 남구 백서로 78
없음
12:00~21:30
(월요일 휴무)
크림 라테
www.instagram.com/
cafe_signifie
없음

마음의 위안을 얻는 곳,

쓸모
Sslmo

"글 쓰는 사람이 절필했다고 해서 그 사람의 연필이 쓸모없어지는 건 아니잖아요. 사람도 존재하는 것만으로 쓸모 있다 생각해요." 뮤지션 요조의 노래 〈나의 쓸모〉를 좋아해서, 단어의 어감이 좋아서, 그리고 대부분의 청춘이 그러하듯 자신의 '쓸모'에 대해 고민하고 방황할 때 카페를 열어 '쓸모'라 이름 지었다는 주인. 많은 이들이 같은 고민으로 힘든 나날을 보낼 때 이곳이 따뜻한 위안이 되어줄 듯하다. 긴장을 풀고 늘어지는 것보다 내면의 고요함을 끌어냈으면 하는 마음에 가구도 딱딱한 것들로 구성했단다. 비로소 자신에게 온전히 집중하는 시간을 보낼 수 있는 것이다. 쓸모 하면 카페오레 위에 고소한 땅콩 크림을 얹은 '피넛키오' 메뉴가 유명하지만 주인은 그보다 핸드 드립을 추천한다. 개인의 취향을 어필하면 그에 맞는 커피를 내어주고, 그것이 아니라면 그날그날 최상의 원두로 내리는 커피를 추천한다. 커피 맛이 강하고 약하고를 떠나 누구든 깔끔하게 즐길 수 있는 차 같은 커피를 추구한다.

 광주시 동구
동명로 25번길 9-1

📞 010-8841-9721

⏱ 12:00~22:00
(수요일 휴무)

☕ 핸드 드립, 피넛키오,
카페오레, 바닐라오레,
호지 밀크티, 고흥 유자차 등

👍 www.instagram.com/
ssl_mo

Ⓟ 없음

213

Busan

부산

7

카페 투어 필수 코스, 부산

서울과 쌍벽을 이룰 만큼 감각적이고 근사한 카페
가 많은 부산. 특히 일본과 가까이 접해 있어 일본
풍 분위기의 카페가 많다. 참신하고 아기자기한 디
저트를 선보이는 카페는 물론, 눈앞에서 푸른 바다
가 넘실대는 그림 같은 경치의 카페도 다양하다. 카
페 투어만 하며 3박 4일 여행을 하기에도 시간이 부
족할 정도.

Gimhae

김해

Ulsan

울산

나만의
힐링 포인트에 가다

내가 사랑한
그곳, 카페

예스러움이 그대로 스며든, 김해

예스러운 골목길과 세월의 흔적을 고스란히 품은
가게들. 새로 지은 건물 대신 옛 모습을 간직한 카
페가 많아 김해 카페는 어느 지역보다 그 고장의 색
깔이 두드러진다. 세월의 더께가 묻어나는 오래된
것들에서 전해지는 농후한 분위기를 좋아한다면 김
해로 떠나볼 것.

감각적인 카페의 성지, 울산

울산시의 지리적 여건상 자연경관이 아름다운 카페
를 기대하기 쉬운데, 의외로 모던한 감각이 돋보이
는 카페가 많다. 트렌드에 휩쓸리지 않으면서 고유
의 분위기를 품은 카페가 대부분이라 기대했던 것
보다 더 만족스러울 것이다.

브런치 메뉴와 디저트가 훌륭한,

오프온
Offon

📍 부산시 해운대구
우동1로 38번길 12

📞 051-731-6058

🕐 11:00~20:00
(월요일 휴무)

☕ 오픈 샌드위치,
시즌 샐러드,
계절 과일 판나코타

👍 www.instagram.com/
offon.busan

🅿 없음

핫한 카페가 한 집 건너 하나씩 나타나는 해운대역 뒷골목에 오프온이 자리한다. 이미 손님으로 꽉 찬 오전 11시, 겨우 자리를 잡고 가볍게 즐길 계절 과일 판나코타를 주문했다. 카페 안은 깔끔한 LP기기에서 느릿한 팝이 흘러나왔고, 테이블마다 햇살이 내리쬐어 한가로운 낮 시간을 실감케 했다.

9월 마지막 주에 방문한지라 이날 오프온의 판나코타는 무화과가 주인공이었다. 우유 푸딩과 무화과 퓌레, 두 층으로 완성된 판나코타는 스푼이 닿는 순간 살며시 떠오르는 감촉 그리고 혀에 닿았을 때 달콤하고 포근하게 퍼지는 맛과 향미에 감탄하지 않을 수 없었다. 사실 오프온은 브런치 메뉴로도 유명한데 각각 훈제 연어, 프로슈토, 카프레제를 올린 오픈 샌드위치와 바삭한 프렌치프라이에 매콤한 특제 소스, 반숙 달걀 프라이를 올린 '에그 온 톱 프렌치프라이', 여기에 신선하게 즐길 수 있는 다양한 샐러드 메뉴가 준비돼 있다. 멋스러운 공간에서 커피 한 잔과 가벼운 브런치 메뉴를 즐기는 사람들이 많아지는 요즘, 오프온은 사람들의 그런 욕망을 채워주는 공간으로 제격이다.

☕

비주얼과 비례하는 맛,

오디너리플라워카페
Ordinary Flowercafe

📍 부산시 부산진구 전포대로
246번길 13-6, 1층

📞 없음

🕐 12:00~18:00
(월요일 휴무)

☕ 프렌치토스트, 에그 인 헬,
크루아상 샌드위치 등

👍 www.instagram.com/
ordinary_flowercafe

Ⓟ 없음

부산을 찾은 사람들 중 열에 아홉은 방문할 정도로 인기인 곳. 멋스러운 인테리어도 이곳을 유명하게 만든 이유 중 하나일 테지만 뭐니 뭐니 해도 브런치 메뉴가 무척 맛있다.

오디너리플라워카페를 대표하는 메뉴는 프렌치토스트. 외국 잡지에서나 볼 법한 감각적인 플레이팅과 비주얼, 훌륭한 모양새에 버금가는 맛으로 프렌치토스트는 오디너리플라워카페를 대표하는 메뉴가 됐고, 많은 사람들이 이것을 즐기기 위해 끊임없이 카페를 찾고 있다.

프렌치토스트 외에 시림프 오픈 샌드위치, 크루아상 샌드위치, 시림프 인 헬, 토마토 수프 등 메뉴가 하나같이 다 훌륭하다. 처음 방문했을 때는 애석하게도 배가 조금 부른 상태여서 가볍게 토마토 수프만 먹었는데, 그 맛에 반해 다음 날 또 찾아가 프렌치토스트와 시림프 오픈 샌드위치를 모두 먹었을 정도. 프렌치토스트는 보통 촉촉한 게 미덕이라 여기지만 이곳은 겉은 바삭하고 안은 촉촉한 매력이 모두 공존한다. 시림프 오픈 샌드위치 역시 각 식자재 본연의 풍미가 잘 살아 있어 먹는 내내 만족스럽다. 이렇듯 모든 메뉴가 맛있으니 이곳을 한 번도 방문하지 않은 이는 있어도 한 번만 방문한 사람은 없을 수밖에.

바다를 마주하며 즐기는 한식 디저트,

비비비당
Bibibidang

달맞이고개라는 험준한 길을 올라야 하지만 '고진감래'의 이치를 제대로 알게 해주는 곳. 부산 지하철의 마지막 역인 장산역에서 내려 10여 분을 '헥헥'거리며 달맞이길을 오르다 발견한 카페 비비비당은 힘겨운 여정을 시원하게 해갈시키는 사이다 같았다. 한옥을 기반으로 지어진 공간 안에 들어서자 푸른빛 하늘과 하나가 된 청량한 청사포 바다가 파노라마처럼 펼쳐져 도시 생활에 찌들었던 답답한 마음을 뻥 뚫리게 했다.

부산시 해운대구
달맞이길 239-16, 4층
051-746-0705
11:00~22:00(월요일 휴무)
단호박 빙수, 단호박 식혜,
단팥죽, 계절 꽃차, 녹차 등
www.instagram.com/
bibibidang
있음

비비비당은 한옥 카페답게 좌식 공간과 테이블 공간이 함께 있는데, 이왕이면 좌식에 앉아 청명한 바다를 바라보며 풍경을 즐기면 좋겠다. 전통차 카페인 이곳은 특히 단호박 빙수와 호박 식혜가 인기다. 걸쭉하게 윤기 나는 단호박 퓌레를 올린 빙수는 단호박 특유의 달콤하고 진한 맛과 셔벗처럼 아삭아삭한 맛이 느껴지는 게 매력이다. 단호박 식혜 또한 진한 맛과 큼직하게 썬 호박, 밥알 등이 씹혀 식감의 재미를 더한다. 단호박의 진한 맛을 내는 비결은 반나절 동안 숙성시키는 것. 함께 내어주는 꽃 모양 보리빵도 고소해 달콤한 단호박 디저트와 더없이 잘 어울린다.

영화처럼 감성 가득한,

이터널선샤인
Eternal Sunshine

　　이터널선샤인은 예상대로 카페 주인이 로맨스 영화 〈이터널선샤인〉을 무척 애정해 이름 지었다고 한다. 아는 사람들은 알겠지만 이터널선샤인을 비롯해 부산의 핫한 카페를 장식하는 비포선셋, 비포선라이즈도 같은 주인이 운영하는 곳들. 카페로 오르는 계단과 이어서 펼쳐지는 널따란 공간 그리고 따뜻한 분위기에 첫눈에 반하고 말았다. 친절하고 온기 넘치는 주인도 이터널선샤인에 대한 첫인상을 좋게 만들기에 충분했다.

마침 이곳을 방문했던 날은 따사로운 햇살이 쏟아져 공간이 더없이 빛났다. 더욱이 실제 영화 〈이터널선샤인〉의 주인공이 머물렀을 듯한 멋스러운 소품까지 더해져 영화 속 한 장면으로 들어간 듯했고, 공간 한쪽에서는 영화가 상영되고 있어 메말랐던 감성을 자극했다. 감성이 무르익어가면서 인기 메뉴인 와플과 카페에서 직접 만든 아이스티를 즐기니 참으로 만족스러웠다. 아이스티가 담긴 감각적인 병은 기념품으로 소장하고 싶을 만큼 멋스러워 따로 챙겨 오기도 했다.

📍 부산시 부산진구
전포대로255번길 11

📞 070-4042-2940

🕐 12:00~23:00

🍽 버터 와플, 프루츠 와플,
브라우니, 얼그레이
아이스티, 아인슈페너

🔖 www.instagram.com/
browneyedsub

Ⓟ 없음

감동적인 공간과 디저트,

온어시즌
On a Season

'도예 작가가 꾸민 듯한 카페'라고 하면 온어시즌의 이미지를 쉽게 떠올릴 수 있을 듯하다. 초벌하기 전의 도자처럼 담백하고 깨끗한 공간. 외관 또한 온어시즌을 방문한 사람들마다 사진을 찍는 포토존이 될 만큼 감각적이다. 주문을 하려고 주방 쪽으로 향하는 순간 투명한 케이스에 앙증맞게 놓인 색색의 컵케이크에 시선을 빼앗겼다. 공간만큼이나 어여쁜 글씨로 쓴 케이크 이름들이 무척 사랑스럽다. 오브제 같은 비주얼의 케이크 중 어떤 것을 고를지 고심하다가 마침 손님들이 많이들 먹고 있는 콘 치즈 케이크를 주문하고, 음료는 플랫 화이트를 선택했다. 통통하게 얹은 생크림 위로 옥수수 콘이 귀엽게 쏙쏙 박혀 있는데 한 입 떠서 먹자 은은한 콘 치즈 향과 부드러운 맛이 입안을 달콤하게 채운다. 공간에 이어 맛까지 감동을 주는 소중한 카페가 아닐 수 없다.

부산시 부산진구 전포대로200번길 21
010-8261-0561
12:00~21:00
플랫 화이트, 바닐라 라테, 베리 에이드, 콘 치즈 케이크, 가토 쇼콜라, 바닐라 컵 파운드 등
www.instagram.com/on_a_season
없음

225

정성 가득한 메뉴와 따뜻한 분위기,

네살차이
4Years Apart

📍 부산시 수영구
광남로 258번길 8

📞 없음

🕐 12:00~18:30,
토요일 14:00~21:00

🍽 식빵 세트, 밀 세트,
커피 플로트, 블루베리
라임 소다 등

👍 www.instagram.
com/4years_apart

Ⓟ 없음

이름에서부터 따뜻한 마음이 느껴지는 카페로 실제 네 살 차이 나는 연인이 운영하는 곳이다. 수많은 카페가 생겼다가 사라지는 요즘 2016년 8월에 문을 연 네살차이는 비교적 장수 카페라 할 수 있다.

문을 열고 들어서면 연인이 정겹게 맞아주고, 나무 가구와 곳곳에 놓인 찻잔, 그릇, 주방 소품 등이 눈길을 끈다. 카페 주인이 각지를 다니며 발품 팔아 공수한 것. 물건들에 시선을 기울여 찬찬히 둘러보다가 이곳의 시그너처 메뉴인 '식빵 세트'를 주문했다. 딤섬을 먹을 때 보던 찜기에 두툼한 식빵을 따끈따끈하게 찐 메뉴로 참신한 비주얼과 정성스레 담긴 모양새에 절로 미소가 지어졌다. 보자기를 조심스레 열자 모락모락 김이 피어나 본능적으로 침이 꼴깍 넘어갔고, 식빵을 한 입 물자 고소하고 달큰한 빵 냄새가 콧속을 적셨다. 빵 한쪽은 달콤한 팥이 들어있고, 다른 한쪽은 플레인 식빵으로 버터를 발라 먹을 수 있다. 많은 이들이 사랑하는 메뉴를 직접 경험해보니 비주얼부터 맛까지 메뉴를 구성하고 현실화하는 동안 얼마나 많은 고민을 했는지 알 수 있었다. 식빵 세트 외에 밀 세트도 인기. 샌드위치와 파스타, 훈제 연어, 샐러드 등으로 구성돼 있는데, 잠시 쉬어갈 때도 있으므로 주문을 하고 싶을 때는 미리 확인 후 방문하는 게 좋다.

☕

이국적인 카페와 깜찍한 메뉴들,

올베럴
All Better

유럽의 가정집 같은 새하얀 건물에 조그마한 창문과 현관 그리고 하얀 천막에 새겨진 'ALL BETTER' 텍스트가 유난히 멋스럽다. 두근거리는 마음을 안고 안으로 들어서니 기대했던 대로 분위기가 따뜻했다. 크지 않은 공간이지만 패브릭 위에 놓은 드라이플라워나 라탄 바구니, 조명, 촛대 등 세심하고 알차게 꾸민 흔적에서 이리저리 인테리어를 시도했을 주인의 모습이 선연히 그려졌다.

다소 이국적인 올베럴 카페에서 눈길을 끄는 디저트가 있다. 바로 애니메이션 스누피에 등장하는 캐릭터 모양으로 만든 팬케이크다. 캐릭터 얼굴로 만든 팬케이크에 바나나를 머리핀처럼 플레이팅하고, 생크림을 푸짐하게 올린 다음 시나몬 가루를 솔솔 뿌려 완성했다. 보는 재미와 먹는 재미가 있는 디저트로 맛은 두말할 것도 없다. 누구나 좋아할 만한 크루아상 샌드위치도 추천한다. 바삭한 크루아상에 토마토, 슬라이스 햄, 고메 치즈, 새싹 채소 등을 푸짐하게 넣어 한 끼 식사로도 그만이다. 올베럴에서 유명한 음료, 곰 모양 병에 든 깜찍한 초콜릿 밀크는 다 마시고 난 후 소장하기에도 좋다.

부산시 수영구 수영로510번길 57
051-100-4100
11:00~19:00 (목요일 휴무, 휴무 공식 인스타그램 계정 확인)
스누피 팬케이크, 크루아상 샌드위치, 초콜릿 밀크 등
www.instagram.com/allbetter___
없음

드라마의 한 장면 같은,

낙도맨션
Nakdo Mansion

　　　　개화기 시절 유행했을 법한 건축양식이 그대로 남아 있는 낙도맨션. 차가운 회색 벽과 적갈색 외관이 심상치 않은 기운을 풍겨 누구라도 발걸음을 멈추게 된다. 호기심을 자극하는 외관에 문을 열어 들어서면 내부에서 펼쳐지는 또 다른 분위기와 공기에 묘하게 짜릿해지는 기분을 감출 수가 없다. 무언가를 거창하게 장식하지도, 그렇다고 너무 절제한 것도 아니지만 눈길이 잘 닿지 않은 곳까지 세심하게 꾸며놓은 것만 봐도 주인의 감각이 느껴진다. 시각 디자이너였던 가게 주인의 감각이 곳곳에 배어든 것이리라. 카페 곳곳에 장식된 빈티지 소품은 가게 주인이 어릴 때부터 모아온 것이라는데, 이러한 것이 모여 낙도맨션만의 독특하고 묘한 분위기를 만들어낸다.

낙도맨션에 애착이 가는 또 하나의 이유는 바로 주인 모녀의 따뜻한 미소였다. 특히 매장에 들어섰을 때부터 메뉴를 주문할 때나 문을 열고 나설 때까지 시종일관 어머니의 온화한 미소가 긴 여운으로 남았다. 따님에게 종종 맛있는 음료를 만들어주었다는 어머니의 그 깊고 옹골찬 손맛을 맛본다면 누구나 온기를 가득 품게 될 것이다.

경남 김해시
김해대로2273번길 46

055-311-9987

13:00~21:00(월, 화요일 휴무)

진저 밀크티, 복숭아
간스메, 루비 시트론 소다,
딸기 유자 타르트 등

www.instagram.com/
nakdo_mansion

있음

누군가의 집에서 마시는 커피,

릴리 로스터스
Lily Roasters

최근에는 테라스 있는 카페가 많아 소소한 행복을 쉽게 만끽할 수 있지만 온전히 만족스러운 곳을 찾기란 생각보다 쉽지 않다. 넓은 정원이 딸린 주택 중 한 공간을 차지하는 카페 릴리 로스터스는 야외에 앉아서 커피 마시는 행복을 무한정 더해주는 곳. 릴리 로스터스가 자리한 주택은 사실 '회현종합상사'라고 하는 복합 문화 공간으로 카페, 식당, 공방 등 여러 가게들이 모여 있다. 오늘날 '봉리단길'로 불리는 이 거리를 활성화시킨 주역인 셈. 때문에 야외에 있는 넓은 정원도 공동 공간으로 이곳에 앉아 커피를 마시다가 함께 자리한 다른 이들과 이야기를 나누며 우연한 인연을 맺을 수도 있다.

릴리 로스터스는 가게 이름에서 짐작할 수 있듯이 카페에서 직접 원두를 로스팅해 커피 맛 역시 기대를 저버리지 않는다. 에티오피아, 니카라과, 케냐 등의 원두를 사용해 기본에 충실한 커피를 맛볼 수 있다. 시간 여유가 된다면 카페에서 커피 클래스도 진행하니 관심 있다면 직접 참여해도 좋겠다.

경남 김해시
김해대로2273번길 46

010-9197-8246

13:00~19:00(월요일 휴무)

아메리카노, 핸드 드립 커피, 콜드 브루

www.instagram.com/lily_
roasters

없음

그림 그리며,

쉬고가게
Seego Cafe

　　여릿여릿한 소녀 같은 외관에 이끌려 들어갔는데, 아이스 라테 한 잔을 주문하니 수채화를 그릴 수 있는 도구를 가져다주었다. 팔레트를 써보는 게 얼마만인지. 오랜만에 팔레트를 보며 어린 시절 추억까지 떠올랐다. 빨강, 노랑, 파랑 등 색색의 물감을 곱게 채운 팔레트에 수건과 붓, 아이스 라테를 가지런히 놓은 쟁반을 테이블로 가져다주며 주인이 이용 방법을 찬찬히 설명해주었다. 미술 학도 출신 여자와 커피를 좋아하는 바리스타 남자, 이 커플이 운영하는 카페 쉬고가게엔 두 사람의 서로를 향한 마음처럼 온기 가득한 분위기가 수채화처럼 옅게 퍼지고 있었다.

뜻밖의 수채화를 그리게 된 우연하고도 재미있는 경험을 한 날, 용기를 내어 엽서에 밑그림을 그리고 색을 채워나갔다. 그 공간에 있는 사람들 모두 각자의 수채화 세계에 빠져들어 주변은 무척이나 조용하고 또 안온했다. 덕분에 여유 있는 '쉼'의 본질을 다시금 느낄 수 있었던 카페 쉬고가게. 언제든 쉬어가고 싶을 때 다시 찾겠다는 기약을 하며 마지막 한 모금 남은 커피를 말끔히 비워냈다.

📍 경남 김해시
　 김해대로2315번길 10
📞 010-9371-4328
🕐 12:30~22:00(월요일 휴무)
🥤 홈메이드 에이드(레몬, 자몽, 딸기, 오렌지 자몽), 딸기 라테, 홈메이드 요거트 등
👍 www.instagram.com/see_go_cafe
Ⓟ 주차 1대 가능

옛 정취가 그득한,

까페 봉황동
Cafe Bonghwangdong

빈티지한 가구와 소품, 오래된 물건 등으로 옛 정취를 그윽하게 담고 있으면서 카페로 거듭나기 전에 쓰였던 옛날 봉황동 주택의 모습이 고스란히 남아 이색적인 분위기를 자아냈다. 희귀한 소품과 별것 아닌 것 같은 물건도 적재적소에 배치해 자꾸 눈길이 갔다. 가게를 둘러보다가 누군가의 방이었던 곳으로 들어갔는데, 그 안에 좌식 공간이 마련된 또 다른 방이 있었다. 여기서 끝이 아니라 그 안에 또 다른 방이 있었다. 옛날에 욕실로 쓰인 듯한 방의 타일을 재활용해 요즘 감성으로 재탄생시켰다. 방 안에 여러 방이 있어 마치 미로를 탐험하는 기분. 공간 곳곳에는 카페로 탈바꿈하기 전의 사진도 전시해놓아 공간의 옛날 모습을 머릿속에 재현해보는 재미도 있다.

🧭 경남 김해시 가락로7번길 21
📞 없음
🕐 12:00~22:00 (화요일 휴무)
🥛 오리지널 밀크티, 보리 우유, 무화과 봉봉(계절 과일 토스트), 티라와상
👍 www.instagram.com/bonghwangdong
Ⓟ 없음

까페 봉황동의 시그너처 메뉴는 오리지널 밀크티와 얼그레이 밀크티. 매장을 방문했을 때는 신메뉴 보리 우유가 나와 계절 과일 토스트와 함께 주문했다. 카페의 심벌인 봉황새 일러스트를 새긴 귀여운 우유병에 담긴 보리 우유와 그날의 제철 과일인 무화과를 듬뿍 올린 토스트가 테이블에 놓였다. 고소한 보리 우유를 마시고, 크림치즈를 바른 토스트를 먹으며 잠시 이곳에 살았던 사람이 되어 누구에게도 방해받지 않는 편한 시간을 보냈다.

부담 없이 즐기는 갤러리 같은 카페,

Prtg
Prtg

달 형상의 스피커와 미드센추리 모던 가구, 예술 작품 같은 조명 등 한눈에 봐도 예사롭지 않은 인테리어다. 화룡점정은 유명 갤러리에 온 듯 카페를 장식하는 다양한 프린팅 액자들. 저명한 아티스트들의 작품으로 공간에 색깔을 입히고, 누구나 부담 없이 작품을 감상할 수 있는 오픈형 갤러리처럼 꾸몄다. Prtg를 운영하는 주인은 수많은 포스터와 프린팅이 쉽게 소비되고 있지만 반대로 나만의 컬렉션을 소유하고 편하게 즐길 수 있는 장점을 공간에 반영했다. 그래서 카페 이름 또한 printing의 약자인 prtg라 지었다고. 모던하고 세련된 공간 맞은편에는 오래된 부분을 개조해서 완성한 빈티지한 공간이 보인다. 이곳에서 남녀가 커피를 내리고, 디저트를 만드는데 그렇게 만든 베이커리는 크랜베리 스콘, 콘 치즈 스콘, 아몬드 초콜릿, 초코 쿠키 등 다양하게 구성돼 있다. 커피는 필터 커피와 아메리카노, 플랫 화이트, 바닐라 라테 등. 고소하고 부드러운 식감의 콘 치즈 스콘과 플랫 화이트도 인상적이었지만 무엇보다 친절한 주인 덕분에 더욱 기억에 남는다.

울산시 남구
문수로445번길 17-1
010-3258-8008
12:00~21:00
(일요일 휴무)
플랫 화이트, 필터 커피,
콘 치즈 스콘 등
www.instagram.com/
prtg.__
없음

사이드 디시가 참 맛있는,

PPL
PPL

　　울산으로 카페 투어를 간 사람들의 SNS에서 빠지지
않고 올라오는 곳, 바로 PPL이다. 모든 메뉴가 맛있기로 소문이 난
것이 이유인데, 특히 사이드 디시가 유명하다. 먹기 좋게 자른 바게
트 위에 마요네즈를 바르고 삶은 달걀을 얇게 썰어 가지런히 얹거나
프랑스 햄인 장봉과 치즈, 또는 베이컨과 아보카도를 올리는 메뉴
다. 메뉴의 설명을 읽고 비주얼만 봐도 사실 예상되는 맛이지만 먹
어보면 상상을 뛰어넘을 만큼 맛있다. 단순한 조합일수록 맛이 나기
힘든 법인데, 적은 재료가 조화롭게 어우러져 깊고 단단한 맛과 여
운을 남긴다. 그중에서도 오이와 마요네즈의 조합이 신선하고 만족
스러워 집에서도 따라 만들어보고 싶을 정도다.
PPL은 가운데 커다란 셰어 테이블 주변으로 몇 개의 테이블과 바 테
이블이 놓여 있다. 사방으로 커튼이 쳐 있고, 어스름한 조명 때문인
지 와인바 같기도 하다. 실제 몇 가지 위스키와 칵테일, 와인도 판매
하는데, PPL의 사이드 디시와 함께 즐기면 꽤 잘 어울릴 듯하다. 커
피는 에스프레소, 아메리카노, 브루잉 커피, 플랫 화이트, 아인슈페
너 등이 있으며 음료는 자두 주스, 말차 라테, 얼그레이 등이 있다.

📍 울산시 남구
중앙로204번길 9

📞 010-8510-8572

🕐 11:00~23:00(일요일 휴무)

🍽 달걀 바게트, 장봉 프로마주
바게트, 오이 바게트, 와인,
플랫 화이트 등

👍 www.instagram.com/
pplcoffee

Ⓟ 있음

모던하고 세련된 인테리어의 극치,

nmtm
Nmtm

깔끔한 연회색 단독주택 건물에 통창으로 사람들이 커피를 즐기는 모습이 보이고, 멋진 가구와 세련된 인테리어가 엿보인다. 담벼락에 'Nothing Matters That Much'라고 쓰인 문구의 첫 자를 딴 'nmtm' 카페. 얼핏 봐도 모던하고 멋스러워 내부는 어떨지 궁금해 안으로 발걸음을 옮겼다. 미니멀한 가구, 바우하우스 스타일의 조명 등이 군더더기 없이 세련된 멋을 더했고, 그러면서도 여러 가지 색의 소품과 가구가 단조로움을 덜어내며 밝은 에너지를 뿜고 있었다.

공간은 2층으로 구성돼 있으며, 어느 곳이든 넓은 통창으로 계절이 바뀌는 풍경을 바라보며 커피와 디저트를 즐길 수 있다. 인기 메뉴는 헤이즐넛 라테를 비롯해 자몽차, 핫 코코아, 그래놀라 요거트, 아이스 초콜릿 밀크, 당근 케이크 등. 아이스 초콜릿 밀크는 너무 달지 않고 부드러워 누구나 부담 없이 마실 수 있을 듯하다. 당근 케이크는 깔끔하고 건강한 맛으로 사이즈가 꽤 큼직해 몇 입만 먹어도 금세 배가 불러온다.

울산시 남구
문수로457번길 13-3

없음

12:00~21:00
(월, 마지막 주 일요일 휴무)

헤이즐넛 라테, 핫 코코아,
아이스 초콜릿 밀크, 당근
케이크 등

www.instagram.com/
nmtm2018

없음

〈라라랜드〉가 떠오르는 분위기 좋은 카페,

시그너스 커피 바
Cygnus Coffee Bar

짙은 버건디 컬러의 벽과 빈티지한 오디오, 어둡게 깔린 조명 아래서 각자 음악을 들으며 저마다의 시간을 보내는 모습이 영화의 한 장면처럼 오버랩되었고, 카페를 메우는 중후한 재즈 음악이 오래 숙성된 와인처럼 분위기 있게 만들었다. 이런 공간에서라면 커피를 마셔도 와인을 마신 듯 취할 것 같다.

시그너스 커피 바는 원래 울산의 공업탑 부근에서 1년 정도 운영하다가 현재는 달동으로 이전한 지 1년 정도 되었다. 요즘처럼 금세 카페가 생겼다가 사라지는 때 2년 넘게 운영을 하고 있다니 사람들이 이곳을 얼마나 아끼는지 가늠이 됐다. 커피와 재즈를 좋아하는 카페 주인의 진심이 공간으로, 맛으로 반영된 것이리라.

시그너스 커피 바에서는 진저 크림 소다를 마셨다. 생강과 크림, 소다의 조합이라니 어쩐지 의아했지만 마셔본 순간, 몸속이 정화되고 시원해지는 느낌이었다. 생강의 알싸한 맛과 톡 쏘는 소다에 달콤하고 부드러운 바닐라 아이스크림이 어우러져 생강 맛이 자연스레 중화됐다. 디저트로 레어 치즈 케이크와 쇼콜라 타르트도 유명하니 핸드 드립 커피와 함께 즐기면 잘 어울릴 듯하다.

📍 울산시 남구 번영로 119
📞 없음
🕐 12:00~22:00
(월요일 휴무)
☕ 레어 치즈 케이크, 쇼콜라
타르트, 핸드 드립 커피 등
👍 www.instagram.com/
cygnus_coffee_bar
℗ 없음

Jeju

제주

당신과
찻잔 사이

─────

내가 사랑한
그곳, 카페

─────

카페 투어를 위한 천국, 제주

제주만큼 카페 투어가 잘 어울리는 지역이 또 있을
까. 사계절 내내 온화한 날씨와 여유로운 대지, 계
절마다 색다른 옷을 입는 자연환경 덕분에 제주에
는 사랑할 수밖에 없는 카페들이 무척 많다. 제주의
상징인 돌담을 쌓은 공간을 비롯해 오래된 집을 개
조해 만든 곳과 감귤밭이 드넓게 펼쳐진 카페 등 아
름답고 아늑한 제주 카페 투어를 하다 보면 이곳에
서 살고 싶은 생각까지 들 정도다.

제주에서 만난 이국적인 브런치 카페,

이올라니
Iolani

　　이름부터 이국적인 이올라니는 몇 년 전 하와이로 어
학연수를 떠난 가게 주인이 그곳에서 만난 이올라니 궁전의 아름다
움에 반해 이 같은 이름을 짓게 됐다. 비하인드 스토리를 듣고 가게
를 보니 더욱 아늑하고 포근하게 느껴졌다. 햇살이 내리쬐는 천막
아래로 푸릇하게 자란 식물, 내부에서 비춰지는 조명빛 등….
가게 안은 유럽의 어느 세련된 집을 방문한 느낌이었다. 깔끔한 책
장에 가지런히 놓인 책들, 창가를 장식하는 동그랗
고 감각적인 조명, 시선이 미치지 않는 현관까지 세
심하게 신경 쓴 흔적이 역력했다. 어느 곳에 앉아야
하나 행복한 고민을 하다가 햇빛이 잘 드는 창가에
자리를 잡았다. 프렌치토스트와 건강한 아사이볼
요거트를 주문하니 계절 과일로 알록달록한 색감이
돋보이는 토스트가 나왔다. 색색깔의 디저트가 많
은 하와이에서의 기억을 떠올리며 컬러풀하게 플레
이팅했다고. 어여쁜 비주얼만큼이나 맛도 좋은 프
렌치토스트를 먹고 나면 한껏 기분이 좋아져 제주
여행을 신나게 다닐 힘이 절로 솟는다.

 제주도 제주시
남성로8길 1

064-901-2162

10:30~19:00(화요일 휴무)

프렌치토스트, 아사이볼 요
거트, 원플레이트 브런치 등

www.instagram.com/
_iolani

주차 1대 가능

세련된 공간과 맛 좋은 커피의 더없는 조화,

그러므로 Part. 2
Glomuro Coffee

제주 카페의 가장 큰 이점은 역시 넓은 지형을 활용하는 것. 한라수목원 바로 부근에 위치한 그러므로 Part.2는 카페도 수목원의 연장인 것처럼 느껴질 만큼 싱그러운 초록 내음과 여유로움이 충만하다. 카페를 향해 발걸음을 옮길 때 아이들이 들판을 마음껏 뛰노는 모습을 보니 마음마저 풍요로워졌다. 이곳은 시내에 위치한 것도, 도로변에 위치한 것도 아니라 이곳에 대한 사전 정보가 있어야만 찾아올 수 있는데, 자연의 이점을 잘 활용해 구성했기 때문인지 평일에도 많은 이가 찾는다. 특히 좋은 자리를 선점하려는 마음은 비우고 방문하는 게 좋겠다.

공간이 지닌 힘을 잘 전하는 이곳은 직접 원두를 로스팅하고 내려 커피 맛도 보장한다. 대표 메뉴인 '메리하하'는 에스프레소에 차가운 우유, 시럽 등을 넣어 만든 것으로 첫 모금을 깊게 들이마셔야 한다. 첫 모금에는 따뜻한 에스프레소가, 다음 모금에는 우유와 에스프레소가 층층이 분리되어 부드러운 맛이 느껴진다. 달콤한 맛이 강한 커피로 많은 이의 '인생 커피'로 자리한 메뉴다. 아포가토도 인상 깊은데, 고소한 아이스크림에 티라미수를 곁들여 달달한 맛을 좋아하지 않는 사람도 사로잡을 듯하다. 맛 좋은 커피와 세련된 공간에 대한 만족도로 그러므로의 1호점도 절로 궁금해질 만하다.

제주도 제주시
수목원길 16-14

070-8844-2984

11:00~21:00
(월요일 휴무)

메리하하, 아포가토,
아메리카노

www.instagram.com/
glomuro_coffee

있음

감귤밭에서 즐기는 풍미 좋은 커피,

테라로사
Terarosa Coffee

서울, 양평, 강릉, 부산, 제주 등 이 지역이 가진 공통점은? 바로 커피가 맛있기로 소문난 테라로사 카페가 자리한 곳이다. 각 지점은 저마다의 특색이 있지만 개인적으로는 제주 테라로사 서귀포점을 추천하고 싶다. 그림 같은 풍광으로 유명한 쇠소깍 부근에 위치한 테라로사 서귀포점은 입구부터 코끝을 간질이는 기분 좋은 감귤 향이 퍼지는데, 드넓은 감귤밭이 시원스레 펼쳐져 제주도임을 실감하게 한다. 감귤밭 안에 마련된 실내 공간은 80평 정도에 달하고, 아름다운 감귤밭의 풍광을 즐길 수 있는 야외 좌석도 준비돼 있다. 실내 공간에서도 넓은 통창을 통해 주변 경관을 감상할 수 있으니 날씨가 궂은 날이나 추운 날에 찾더라도 아쉬워하지 말자. 커피는 핸드 드립을 추천한다. 에티오피아 구지 함벨라, 파나마 토니 카투라, 과테말라 페드로 등 다양한 원두가 준비돼 있으며, 에스프레소를 이용한 다양한 커피도 맛볼 수 있다. 커피 한 모금을 마시고 눈앞에 펼쳐지는 풍경을 바라보노라면 '커피 맛은 기본이고, 공간의 미학이 있어야 한다'는 테라로사 대표의 철학이 느껴진다.

제주도 서귀포시 칠십리로658번길 27-16
없음
09:00~21:00
핸드 드립 커피, 아메리카노, 카페 라테, 카푸치노
www.instagram.com/terarosacoffee
있음

반려견과 함께하는 훈훈한 커피 타임,

더 리트리브
The Retrieve

제주에서 반려견을 데리고 갈 수 있는 곳이 많지 않아 아쉬워했던 견주들에게 더없이 반가운 공간, 반려견 동반이 가능한 카페 더 리트리브다. 조심스럽게 대문을 열고 들어서니 창문 너머로 푸르른 빛이 쏟아지는 풍경이 등장했다. 넓디넓은 카페는 원래 식당이었던 곳을 개조한 것. 학교 운동장만큼 넓어서 자칫 황량하고 차가워 보일 수 있는 공간을 나무 바닥과 가구로 채워 아늑한 느낌이 들었다. 특히 공간 가득 온기가 느껴지는 이유는 더 리트리브의 주인(?)인 커다란 개 '보물'과 하얀 고양이 '섬' 덕분. 사람들이 들어올 때마다 반겨주는 이들 덕에 초행이어도 낯설지 않다.

매장에 들어설 때부터 다양한 핸드 드립 도구가 눈길을 끌었는데, 과테말라, 콜롬비아, 코스타리카, 케냐 등의 원두로 내린 다양한 핸드 드립 커피를 즐길 수 있다. 에스프레소를 베이스로 한 음료도 있고, 제주의 정취와 함께 나른하게 취할 수 있는 시원한 맥주도 판매한다. 매주 금요일 밤 8시에는 커다란 빔 프로젝터를 통해 영화도 상영하니 머리가 복잡한 날 와서 상념을 정리해보는 것도 좋겠다. '제자리에 놓이지 않은 것들을 제자리에 두는 것'이라는 'THE RETRIEVE'의 뜻처럼.

제주도 서귀포시 안덕면 화순로 67
010-2172-6345
10:00~19:00, 금요일 영화 상영 20:00~23:00(월요일 휴무)
핸드 드립 커피, 에스프레소, 맥주 등
www.instagram.com/the_retrieve
있음

바다라는 숨 쉬는 액자를 품은,

카페록록
Cafe LokLok

아직 사람들의 손때가 묻지 않아 자연 그대로의 모습을 간직한 세화 해수욕장. 코발트빛 물감을 풀어놓은 듯 세화 해수욕장을 따라 하도리 쪽으로 자연 풍경을 눈에 담으며 천천히 거닐었다. 해가 어스름히 질 무렵 걷다 보니 누군가의 별장 같은 카페록록이 눈길을 끌었다. 마침 핑크빛 노을이 물들기 시작해 휴양지에 온 듯 잠시 즐거운 착각마저 들었다.

카페록록은 바다가 만들어낸 훌륭한 액자가 있어 자리를 잡을 때 잠시 고민하게 된다. 바다와 야자수가 담기는 창가 자리에 앉을지 테라스에 앉아 드넓게 펼쳐지는 풍경을 즐길지 결정하기 어려웠다. 물론 어디에 앉든지 만족스러운 절경을 한없이 바라볼 수 있으니 마음 가는 대로 자리를 잡으면 된다.

카페 라테와 청귤 에이드를 주문한 뒤 경치 한 모금, 음료 한 모금을 마시니 이보다 더한 행복이 있을까 싶었다. 카페록록에는 맛있는 베이커리까지 준비돼 있어 마음은 물론 배까지 든든해진다.

🏠 제주도 제주시
구좌읍 하도서문길 41
📞 010-2058-9321
🕐 10:00~19:00
(화요일 휴무)
🍰 에그타르트, 크림 라테,
코코넛 라테, 블렌딩 티,
에이드 등
👍 https://www.instagram.
com/cafeloklok_jeju
Ⓟ 있음

제주를 모던하게 해석하다,

아파트먼트 커피
Apartment Coffee

제주도 제주시
한경면 청수서2길 96

070-4117-4186

11:00~20:00(목요일 휴무)

핸드 드립 커피, 콜드 브루,
무화과 파이

www.instagram.com/
apartment_coffee

있음

아파트먼트 커피는 청수리 아파트라는 숙소와 함께 있다. 1층에는 카페, 2층에는 청수리 아파트 숙소를 운영 중이었다. 카페와 숙소 모두 제주의 풍광은 고스란히 살리되 최대한 빼고, 절제해 여백의 미가 돋보였다. 깔끔하고 모던한 건축물에 사방이 투명한 유리창으로 빛과 바람, 자연을 온전히 담는 공간이 기존의 획일화된 아파트와 달랐다. 이런 곳이라면 평생을 살아도 질리지 않을 것 같았다. 통창으로 시원스레 펼쳐지는 제주의 자연을 눈에 담으며 맥주나 와인 한 잔을 하면 좋겠다 싶었는데, 마침 레드&화이트 와인과 스파클링 와인, 다양한 종류의 맥주가 준비돼 있었다. 안주로 곁들이기 좋은 과일과 올리브 절임도 있고, 풍미 좋은 핸드 드립 커피도 다양하다. 커피나 술을 즐기지 않는 이들이 마실 수 있는 에이드와 밀크티도 있으며, 무화과 파이, 블루베리 파이, 잡곡빵 등 간단한 베이커리류도 마련돼 있다. 메뉴도 다양하니 입맛에 따라 메뉴를 맛보면서 오래도록 머물면 좋을 듯하다.